U0101114

后浪出版公司

麦肯锡教我的思考武器

从逻辑思考到真正解决问题

イシューからはじめよ―― 知的生産の 「シンプルな本質」

[日] 安宅和人 / 著

郭菀琪 / 译

中原出版传媒集团
中原传媒股份公司

大象出版社

· 郑州 ·

前　言
交出有价值成果的生产技术，有何共通点？

　　我至今见识过的"具有高生产力的工作者"都有一个共通点，那就是他们"做一件工作的速度并非比一般人快十倍、二十倍"。由于发现了这项特性，我之后花费了相当长的时间去探寻"究竟他们有什么不一样的地方？""'能交出有价值成果的生产技术'的本质究竟是什么？"等问题的答案。

　　到目前为止，我在麦肯锡咨询公司（McKinsey & Company）担任管理顾问主管达十一年之久。途中曾离开职场，以"志在成为科学家"为出发点，赴美攻读脑神经科学（neuroscience）博士学位，之后再回到职场。当时，我有另一个发现，那就是无论在职场还是在科学界，"交出有价值成果的生产技术具有共通点"。

　　有一次，我将这样的内容写在个人博客上，竟引发了始料未及的回响。我在某个周末早晨写下的文章，浏览次数竟高达数千次。由于我当初只是随兴写写，而且内容不是那么平易近人，因此，收到这么大的回响，老实说，我很吃惊。而且，收到的留言多数是"我终于懂了！""我想知道更多！"这类的，回应。那时候我觉得"说不定分享这样的内容，可以帮助许多人"，这就是促成我写本书的动机。

坊间充斥着以"解决问题""思考术"为主题的书。不过，其中大部分是介绍工具和技巧，以"产出真正有价值的成果"为观点所写的书似乎很少。对于那些必须在期限之内产生有意义的成果的人而言，必须思考的事情究竟是什么？这点就是本书的内容。

本书也会介绍几种关键的思考方式，但并非只是单纯地介绍技巧（know-how），而是定位在"工具箱"，来协助完成真正该做的事。"逻辑树"（logical tree）、"彼此独立、互无遗漏"（MECE，mutually exclusive and collectively exhaustive，发音为mee-see）、"架构"（framework）……每一种只要正确使用，都是强有力的工具，但光是知道这些工具，并不能就此找到答案。有句话说："如果你手上只有槌子，任何事物看起来都像钉子。（If all you have is a hammer, everything looks like a nail.）"虽然是种比喻，不过确实说明弄不清目的而单纯使用工具是很危险的。也就是说"输出的意义，在于能产生什么成果"，从工具下手，根本无法引导出这个答案。

那么，究竟什么是真正的关键？

这正是本书标题所提出的"议题"（issue）。

何谓议题？关于这一点，我将通过本书慢慢说明。事实

上，其关键就在于对"要对什么找出答案"这件事情胸有成
竹，并且果断采取行动。

了解议题并从议题出发思考，可以让计划进度大幅提升，
还可防止发生混乱。看不见目的地的行动会让人感觉很辛苦，
但只要看见终点，力量就会涌现，换句话说，交出有价值成果
的生产技术的目的正是"议题"。

我希望通过本书能让读者了解，在"交出有价值成果的生
产技术"中，这个议题发挥什么功效，有什么功能，该如何区
分议题，以及如何处理议题。

"所谓'交出有价值成果的生产技术'，究竟要做些什么呢？"

"所谓论文，究竟要从哪里开始思考呢？"

"所谓解决问题的计划，该如何进行呢？"

无论是企业人还是科学家，希望本书能给那些因"总是无
法掌握每天工作或研究中发生的问题的本质"而焦躁不安的人
提供一点提示。

不要烦恼：有时间烦恼，不如花时间思考

"思考与烦恼，究竟有什么不同？"

我时常问年轻人这个问题，如果是你的话，会怎么回答？

我认为有以下两个不同之处：

"烦恼"是以"找不出答案"为前提的"假装思考"。

"思考"是以"能够找出答案"为前提，有建设性的真正思考。

思考与烦恼看起来很像，但是实际上完全不同。

所谓"烦恼"，是以"没有答案"为前提，无论多么努力都只会留下徒劳无功的感觉。我认为除人际关系的问题（像是情侣或家人朋友之间的问题），以及"与其说找不找得出答案，不如说其价值在于从今以后还要继续面对彼此"之类的问题应另当别论之外，所有的烦恼都是没有意义的。（话虽如此，但毕竟烦恼是人的天性，我并不是讨厌会烦恼的人）

尤其是如果是为工作、研究而产生烦恼，那实在太傻了。

所谓工作，是"为了产生什么成果而存在"。进行那些"已经知道不会产生变化的行动"，只是浪费时间而已。如果没有明确认清这一点，就很容易将"烦恼"错认为"思考"，宝贵的时间就这么流逝了。

因此，我总是提醒自己周围的人："一旦发现自己正在烦恼，就马上停下、立刻休息，并且培养能够察觉自己正在烦恼的能力。"其原因是，"以你们这么聪明的头脑，不只十分认真，而是超级认真地思考，仍然想不明白的话，就请先停止思考这件事会比较好，因为你很可能已经陷于烦恼之中了"。虽然乍看之下可能会觉得很无聊，但意识到"烦恼"与"思考"

的差别，对于想要"交出有价值成果"的人而言是非常重要的事情。毕竟在职场与研究中需要的是"思考"，自然必须以"能够找出答案"为前提。

"不要烦恼"是我在工作上最重要的信条。在听过我这个观念的年轻人当中，大多数的人从了解这句话的真正意义到进入实践阶段，需要花上一年的时间。可是，在那之后，大部分的人都告诉我："在安宅先生教给我们的事情当中，'不要烦恼'这一点最深奥。"

思考的盛宴：当脑神经科学遇到营销学

在正式进入本书内容之前，我想先让各位读者了解我这个人，这样也许可以让各位比较容易了解这本书的内容。所以，容我在此进行简单的自我介绍。

我在麦肯锡咨询公司服务近十一年，长期以来都在消费者营销领域担任管理顾问，这期间还曾担任公司内部新进顾问的导师，指导问题解决与图表制作等问题。

其实，当初我会进入麦肯锡工作，真的是非常偶然的机会。

我在童年时期就想当科学家，高中前后开始将注意力集中于"人的感知"（perception），对"为什么人即使拥有相同的经历，却有不同的感觉"这件事情非常有兴趣，并为了追寻这个问题的答案而进入研究所，运用脑神经细胞的 DNA 进行研究。不过，我也逐渐开始质疑："光看 DNA，是否真的可以找到我所追寻的答案呢？"那时碰巧看见在学校的公布栏上，麦肯锡发布的招聘信息在招募研究员（接近于实习生），于是我就去应聘了。

可能"怪人"（我）与"怪公司"（麦肯锡）个性相合吧，我顺利通过面试开始工作，马上就受到麦肯锡"系统性地解决问题"的精神的感召，并觉得这与我自己所向往的科学世界也很接近，再加上体验到工作的乐趣，于是我决定不读博士班，在拿到硕士学位从研究所毕业后，就直接进入麦肯锡工作。

我很幸运，进入麦肯锡之后负责消费者营销这个领域，这与我关注的"人的感知"有密切的关系。即便不是进行脑科学研究，但由于这个工作实际接触到人，也可以去了解他们受什么影响而起心动念。

在麦肯锡工作时，日子过得相当"刺激"。不过，我一直有"回到科学界"的想法。我心想："照这样工作下去，如果一直没有获得博士学位，恐怕会后悔一辈子……"

进入公司后第四年，我突然有了强烈的念头，开始准备重回校园进修；加上大学时代的恩师推荐，我决心从麦肯锡离职、赴美进修。可能也是因为我特殊的经历，之后成功进入了在脑神经科学研究领域享有盛誉的美国耶鲁大学（Yale University）。

在研究所，要具备英文能力（为了不被淘汰）、维持像样的成绩已经很辛苦，但更惨的是必须选择实验室（研究室）。学校有一个称为"轮换研究"（rotation）的制度，做研究必须在三个实验室各待满一学期以上。我在第三个实验室时原本打算开始进行获得博士学位的研究，却因为和指导教授吵架，就从那边跑出来了。

我当时已经留美两年半左右，为了获得学位再次跑遍大学内各个研究室，最后进入了一位新进教授的实验室。新进教授跃跃欲试，但还没有指导学生的经验，而我挑战的是风险很高的题目，没想到一举成功。在开始研究一年之后，就听到学位审查委员会的教授们对我说："You are done!"（你已经可以毕业了！）

一般来说，完成论文、取得博士学位平均需要六至七年，我之所以能够以三年九个月的时间过关，一半是好运，剩下的一半必须归功于在麦肯锡工作时所受的思考训练和学到的问题解决技巧。

当时，原以为这辈子就这样一直当个科学家直到终老，但是人生际遇真是无法预测。

2001年9月11日，美国发生"9·11事件"。当年我住在距离曼哈顿约三十分钟车程的地方，之后乘车经过通往曼哈顿的大桥时，平时看惯的双子星大楼已经不复存在。搭乘地铁时，总会遇到忍不住啜泣的乘客，其他的乘客也受到影响一起哭出声来。每天过着意想不到的怪异生活，导致我的健康失调。由于还有家人的缘故，于是我决定回到日本，并重返麦肯锡工作。

再次回到麦肯锡，每天还兼任公司内部教育培训。2008年，因偶然的机会，我调职到日本雅虎（Yahoo! JAPAN）网站担任首席运营官，在处理各种经营管理的课题时，努力从顾客观点创新服务。

虽然这段自我介绍有点长，但却如实呈现了我到目前为止的人生缩影。我希望能整合我从事科学家、管理顾问和首席运营官这三种职业时不可思议的职场体验，并现身说法，将真正重要的精华传授给各位读者。

那么，开始吧！

目　录

第2章　假说思考一　075

本章我们将学习"假说思考"的第一步。我们将学到如何利用MECE架构查明与分解议题，并编辑、组建故事线。

第3章 假说思考二 109

本章我们将继续学习"假说思考"的第二步，图解故事线。通过找出"轴"、意象具体化、发现获得数据的方法，来制作连环图。

本书的思维

脱离事倍功半的"败者之路"

一位科学家一生可用于研究的时间极其有限，然而，世界上的研究主题却多得数不清。如果只因为稍微觉得有趣就选为研究主题，将在还没来得及做真正重要的事时，一生就结束了。

——利根川进

利根川进：生物学家，1987年诺贝尔生理学或医学奖得主。

引述摘自《精神与物质——分子生物学可解开生命谜题到什么程度》（《精神と物质——分子生物学はどこまで生命の谜を解けるか》），利根川进、立花隆合著，由日本文艺春秋出版社出版。

抛弃常识

本书所介绍的"从议题开始"的思维，与世间一般的想法有很大差别。最重要的就是首先要"抛弃一般常识"。下面我会举出本书中有代表性的几个思维。现在也许会让你觉得："咦？"但是当你读完本书并亲自实践之后，相信我，你一定会点头赞同这些思考方式。

- "解决问题"之前，要先"查明问题"。
- "提升答案的质量"并不够，"提升议题的质量"更重要。
- 不是"知道越多越聪明"，而是"知道太多会变笨"。
- 与其"快速做完每一件事"，不如"删减要做的事"。
- 与其计较"数字多寡"，不如计较"到底有没有答案"。

前半句是一般的想法，后半句就是本书要介绍的"从议题开始"的思维。各位读者只要先了解，这与单纯"为了提升生产力而重视效率"这个解决方式 —— 也就是所谓的"提升效率的技术"—— 有所不同即可。

什么是有价值的工作？

为了提升生产力，最先应该思考的是所谓的"生产力"究竟是什么。我从维基百科（Wikipedia）查到的结果是："在经济学中，生产要素（劳动力及资本等）对生产活动的贡献度，或是由资源产生附加价值时的效率。"但这个说法还是让人摸不着头脑。

本书所说的"生产力"的定义很简单，就是以多少的输入（Input，投入的劳力和时间），产生多少的输出（Output，成果）。以公式表示，则如图0-1所示。

若想提高生产力，就必须事半功倍 —— 删减劳力和时间但交出相同的成果，或者以相同的劳力和时间产出更多的成果。到此为止，相信各位读者都可以一目了然。

图0-1 生产力公式

$$生产力 = \frac{输出}{输入} = \frac{成果}{投入的劳力和时间}$$

那么，究竟什么是"更多的输出"呢？换句话说，就是让企业人能够确实产生的报酬关系、让研究者可以收到研究费的那份"有意义的工作"究竟是什么呢？

我曾经任职的麦肯锡咨询公司，将这种"有意义的工作"称为"有价值的工作"。对于专业工作者来说，清楚地意识到这一点是很重要的。所谓专业工作者，就是指不仅要具备特别的技能，更要运用该技能从顾客一方获得报酬，同时提供有意义的输出（成果）的人。也就是说，如果不知道"究竟什么是有价值的工作"，就根本无法提高生产力。

请各位花一分钟左右的时间，冷静下来仔细地思考。

对于专业工作者而言，所谓的有价值的工作是什么？

怎么样？

我向许多人问过这个问题，但是，能给我明确答案的人并不多。我时常听到的是类似以下的答案：

- 高质量的工作。
- 仔细的工作。
- 没有其他人能够胜任、无人能取代的工作。

这些答案虽然也算部分答对，但都无法切中本质。

所谓"高质量的工作"，只是将"价值"换成"质量"而已。一旦问起"质量是什么？"就回到原来的老问题。对于"仔细的工作"也是一样，若说"只要是仔细的工作，无论什么工作都是有价值的"，恐怕会有很多人会不赞同吧？最后一个，"没有其他人能够胜任"的工作，乍看之下似乎很正确，但请再仔细想想。所谓"没有其他人能够胜任"，通常都是些几乎不具价值的工作，正因为没有价值，所以才没有人来做。

"高质量、仔细、没有其他人能够胜任"这些答案，其实连问题本质的边缘都没沾上。

有价值的工作究竟是什么？

就我的认知，"有价值的工作"是由两条轴构成。

第一条轴是"议题度"，第二条轴是"解答质"。以"议题度"为横轴、以"解答质"为纵轴所展开的矩阵，如图0-2。

"议题"（issue）这个词，在本书的前言中也曾提到，但也许有些人并不熟悉。以"issue"的日文片假名为关键词进行搜索时，可以找到的说明并不多，但用英文"issue"搜索，则会找出许多定义。我在此所说的"issue"符合图0-3的定义。

在同时满足A与B的条件下才是issue。

因此，我认为"议题度"是指"在目前的情况下，找出该问题的答案的必要性有多高"，"解答质"是指"对于该议题度，目前可以提供明确答案的程度"。

图0-2价值矩阵的右上方象限属于"有价值的工作"，越靠近右上方价值就越高。如果想从事有价值的工作，所处理的主题的"议题度"与"解答质"都必须双双提高。如果想要成为解决问题的专业工作者，一定要时常思考价值矩阵。

图0-2　价值矩阵

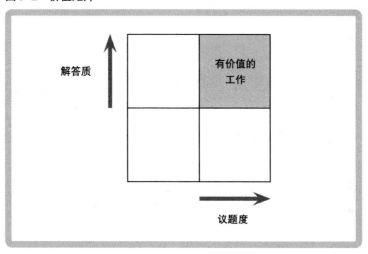

图0-3　issue的定义

A）A matter that is in dispute between two or more parties.
　　两个以上的部分之间悬而未决的问题。

B）A vital or unsettled matter.
　　与本质相关或无法清楚辨别是非黑白的问题。

大部分人都会认为，工作的价值取决于矩阵中的纵轴"解答质"，而对横轴的"议题度"，也就是"课题质"不大重视。然而，如果真的想从事有价值的工作、给大多数人留下有意义的印象，或者是真的想赚钱的话，"议题度"才是更重要的。

原因在于，对于"议题度"低的工作，无论如何提高其"解答质"，从受益者（即顾客、客户、评价者）的角度来看，价值仍然等于零。

千万不能踏上白忙的"败者之路"

那么，如何才能完成"有价值的工作"，也就是矩阵右上方区域的工作呢？无论是谁，工作或研究都是从左下方区域开始。

在这里绝对不可以犯的大忌就是"打定主意进行大量工作，朝右上方前进"。这条"借着劳力、蛮力往上，沿左边走以到达右上方"的解决问题方式，我称之为事倍功半的"败者之路"（详见图0-4）。

下面这段话很重要，请各位仔细研读。

世上大部分被称为"可能是问题"的"问题"，事实上几乎都不是商业或研究上真正有必要处理的问题。如果

图 0-4 败者之路

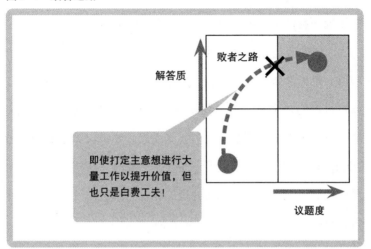

全世界被称为"可能是问题"的"问题"共有一百个，那么在当下需要清楚判断出是非黑白的问题顶多只有两三个而已。

对于矩阵中横轴"议题度"低的问题，无论多么努力拼命地挤出答案，终究也不能提高其价值，只算是白忙而已。这种"以为只要靠努力（劳力）和耐力（蛮力）就能得到回报"的工作方式（自认为"没功劳也有苦劳"），将永远无法到达右上方"有价值"的区域。

另一个变量是纵轴"解答质"，我们也来思考一下。在工作刚开始的时候，"解答质"一般也都在较低的区域。到目前为止，以我所见过的很多人的职场成长历程，大多数人在初入职场的一百件工作中，只有一两件开花结果。

以前的我也是一样，现在想起刚进麦肯锡工作时的第一个项目，每天都做一大堆分析，然后画出十几二十张的图表。在项目进行的几个月之内，我就画了五百张左右的图表，但是，最后放进报告里的却仅仅只有五张而已。如果计算"最终输出（Output）的产出率"，结果只有1%；横轴"议题度"由上司严格评估，这么一来，我所处理的纵轴"解答质"的产出率就只有1%。

因此，不经思考就闷着头工作，至少不可能达到"议题度"和"解答质"都很高的境界。用图0-5表示这个概念，右上方象限中，横轴"议题度"和纵轴"解答质"交集之处，就是所谓"有价值的工作"。由于这只有1%左右的成功率，所以算起来完全符合的概率只有0.01%，也就是说一万次工作中，只有一次像样的工作。

这么一来，将永远无法产生"有价值的工作"，也无法造成改变，只会留下白忙一场的感觉罢了。而且当大部分工作都以低质量的输出含糊带过时，工作会很粗糙，很可能将变得无法产生高质量的工作。也就是一旦走上"败者之路"，将来极有可能成为"失败者"。

虽然你可能拥有超乎常人的体力与耐力，即使通过"败者

图0-5　未经训练状态下，"议题度"和"解答质"的分布示意图

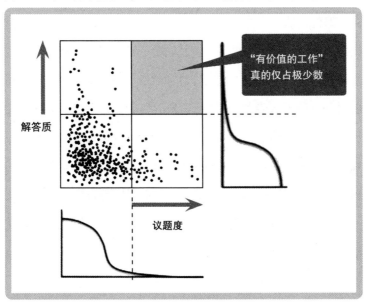

之路"也能成长；然而，充其量也只能如此。当你成为主管后，也会教导下属同样以努力和蛮力工作，然而你终究无法胜任领导者的角色，毕竟只靠努力与蛮力，几乎不可能到达右上方"有价值的工作"区域。而且，一旦踏上"败者之路"，等于宣告你根本不可能成为领导者。

如果真的想要接近右上方区域，应该采取的解决方式极其简单明快：先提升横轴"议题度"，再提升纵轴"解答质"。也就是采取与"败者之路"相反的沿右边走的解决方式：一开始就锁定商业与研究活动的对象是特别有意义的，也就是那些

"议题度"高的问题。

即使无法在一时之间立刻直接锁定核心问题，也应该将范围缩小到整体的十分之一左右。如果是初入职场的社会新人或是研究所新生，还没办法进行这项判断，可以请教自己的上司或研究室的指导老师："我所想到的问题中，在当下真正具有找出答案的价值的问题是什么？"一般可以进行这项判断的应该是上司或指导老师。借由这个步骤，我们可以锁定真正的问题，轻松地将聚焦于一个最重要问题的时间节省至5%～10%。

然后，在缩小后的范围中，从"议题度"特别高的问题开始着手。这时候，千万不能被"解答难易度"或"处理难易度"这些因素所左右，一定要从"议题度"高的问题开始。

由于在未经训练的状态下，输出会如图0-5一般分布，因此，为了提高"解答质"，必须先针对各个议题确保充分的讨论时间。

我以前也是这样，一开始被批评"质量太低""没有达到需要的水平"时，也无法切实体会其中的意思。可是，经过针对缩小范围后的议题反复检讨与分析后，大约数十次当中就会有一次表现得还不错。一个人想做"好的工作"，就必须从旁人处得到"好的反馈"，才能学到什么是"好的解答质"。累积成功经验，逐渐抓到技巧，进而超越固定水平、做出"好的解答"的概率，将会从十次中有一次，变成五次中有一次，逐渐提高成功率。

　　到这里，读者们应该已经知道，为了实现这个解决方式，一开始的步骤，也就是将范围缩小至"议题度"高的问题，就算要多花费时间也势在必行。如果贸然地"这也做，那也做"，根本无法成功。即使抱着必死的决心工作，最终也无法因此学会工作。"反正先做到死再说"的想法，在"从议题开始"的世界中是无用的，甚至是有害的。中断没有意义的工作，才是重要的。

　　即使每天练习兔子跳，也无法成为棒球选手铃木一朗[1]，因此，集中处理"正确的问题"的这种"正确的训练"，才是迈向成功的关键（详见图0-6）。

图0-6　脱离"败者之路"

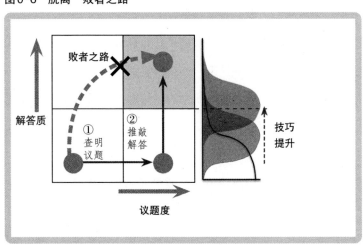

----

[1]　编者注：著名职业棒球手，被称为"日本第一强棒"，他为了锻炼下盘与脚力，每天练习兔子跳。作者以此比喻没有弄清楚真正的问题。

如何具备事半功倍的高效生产力？

在了解"有价值的工作"的本质之后，接着就来思考一下它的产生流程，换句话说，就是思考具有高生产力的人都是如何工作的。

首先，先试想未经思索就进行工作或研究的话，究竟会如何。

假设从星期一至星期五，用五天时间针对某项主题的需要，统一整理出一些内容，各位读者是不是时常会出现以下状况呢？

星期一　因为不知道方法而一筹莫展。

星期二　仍然焦头烂额。

星期三　暂且先到处搜集可能有用的信息及数据。

星期四　继续搜集。

星期五　淹没在堆积如山的资料中，再次陷入一筹莫展、焦头烂额的困境。

那么，实现产出高价值、高效能成果的高生产力，也就是"从议题开始"解决问题的方式，究竟是怎么做的呢？如果是必须在一星期之内就要有输出（交出成果）的案件，分配流程如图0-7（图中括号内是本书对应说明的章节）。

图0-7 "从议题开始"解决问题的方式

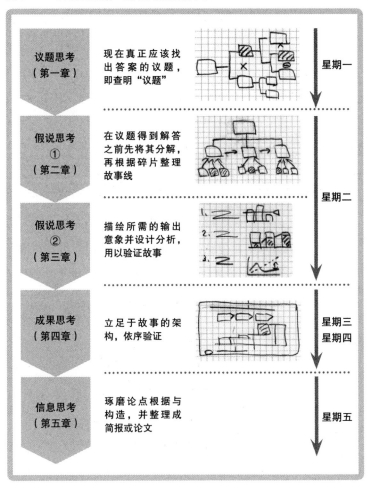

话虽如此，无论积累多少经验，也很难只尝试一次就突然产出高水平的输出。重要的是将这个循环"迅速绕完，并重复多次"，这才是提高生产力的关键。绕完一次循环后，可以看出更深一层的论点，再以其为基础进行下一个循环。

思考，不要用蛮力；工作，不只靠劳力

根据自身的经验，对于一起工作的年轻人，我时常建议他们的还有另一件事，那就是"千万不要用蛮力"。

工时长短根本不是重点，重点在于只要交出有价值的输出（成果）就好。例如，就算一整天只工作五分钟，只要按照预定时间，甚至比预定早一点交出约定的成果，就没有任何问题了。那些所谓"我正在拼命工作""我昨天又熬夜了"的努力方式，在这个追求"有价值工作"的世界里，根本没有必要。最惨的类型是明明时常加班，甚至连假日也上班，却被周围人认为："交出这种程度的成果，应该用正常的上班时间就够了吧？"

连我也是一样，二十多岁刚进入职场时，总要工作到头昏眼花，才有做了工作的感觉，着实白费了相当多的时间。虽说年轻时体力充沛，像那样的工作方式，也算有助于心情愉快。然而说穿了，其实那也不过是自我陶醉而已，所谓的收获可能也只是了解到自己体力的极限，只有在确实产生出有意义的成

果（输出）之后才能获得成长。若能持续有价值的工作，并保持其质量，就算"偷工减料"也完全不成问题。如果是问人就可以解决的事，那么问人就好；如果有更简单的完成工作的方法，就该换个方式处理。

像这样该以时间还是以输出（成果）作为衡量标准，就是"劳动者"与"工作者"的区别，以现在的话来说则是"工薪族"与"企业人"的区别，甚至可以说是"上班族"与"专业人士"的区别。

原本主要指以体力谋生的"劳动者"，其原意是指按进行特定作业的有限时间发工资的劳工。现代词语用法中，"工薪族"是指以时间为计算基础领薪水的人，其含义与劳动者很相似。"工薪族"这个词的概念中含有"加班与加薪的谈判"，而这也几乎都与劳动者相同。

"企业人"虽是受雇于公司，但其本意是指经营者、管理者或掌舵者。就算有考勤管理，但其本质上不是以劳动时间为基础，而是以对管理活动与日常商业活动的输出（成果）责任为基础，并以此获得评价。

而所谓的"专业人士"，是指通过专门训练而获得相关技能，并负责运用该技能提供特定价值，从特定顾客处获得报酬的人。由于他们提供的价值是针对顾客而言的，因此即使是以时薪计费的律师或顾问，其报酬仍依各自的技能水平而异，也就是说，他们各自产生的价值大小因技能水平的高低有很大差异。

"工作到极限为止""以劳动时间取胜"属于本书所谓的"劳动者"的思维，如果抱持这种想法，就无法成为"高价值、高效能的生产者"。如本书开头所述"以相同的劳力与时间工作，能增加多少输出"，这才是生产力的定义。

专业工作者的工作方式，与"劳动时间越长，赚的钱越多"这种劳动者或工薪族的想法形成对比：不以劳动的时间，而是凭借"造成变化的程度"获取报酬或评价；或者可以说，存在的意义取决于"可产生多少有意义的输出"。像这样开启专业工作者生存之道的开关，正是打下产生高生产力的基础。

作者的提醒
细嚼慢咽，切莫狼吞虎咽

陷于表层逻辑思考的通病

最近这几年遇见的令我感觉"头脑虽然好，但反应却很僵硬、没有深度可言"的人似乎增多了。这类人给人的印象就是：对于所有的事情都只依据表层信息直接展开工作。这些人对工作可以快速熟悉、对答如流，可是不免就会令人担心："究竟有没有确实理解呢？"我想这是因为理解与同感能力太低的缘故吧。

每次我指出这一点，对方就以很认真的表情问我："我听不懂你说的意思，请解释一下。"我每次都会不厌其烦地详细说明。因为我相信像这样重复解释一千次的话，也许其中就会有几次能促成有意义的变化。

用自己的头脑去思考

对具有基本智慧的人而言，只要经过正确的训练，这件事并不是那么难。对于任何事情并非要照单全收，而要基于自己的观点建构世界观，如果没有认清每一个信息的重要性或层次构造、关联性的话，必定迟早会遇到困难。

只依赖逻辑架构，而且思考既短浅又表层的人，是很危险的。

市面上可以看到很多介绍"逻辑思考""思考架构"等解决问题的工具，但很可惜的是，真正的问题，光靠这些工具绝对无法解决。

面对问题时，需要针对各项信息，从复合的意义层面深入加以思考。为了能确实掌握这些信息，不能只听信他人的说词，必须亲自去现场掌握第一手信息。然后，更难做到的就是，将运用上述方式掌握到的信息"以自己的方式去感受"。

可是，大部分的书中却几乎都没提到这一点的重要性。

"死守第一手信息"是我的前辈们传授下来的、被视为珍宝的信条之一。在现场接触到信息时，可以掌握多少有深度的信息，是能直接显示出这个人的基本实力的，因为这牵涉到他的判断水准或超水平的思维结构的建构力，而这不是一朝一夕就能培养得起来的。智商或学历虽高却缺少智慧的人反而很多，我想应该就是因为他们忘记了这个能力的重要性吧。

"深度理解"需要相当长的时间

大脑只能认知大脑本身认为"有意义"的事情。是否"有意义"，则取决于"至今遇过多少次类似事情是有意义的情况"。

有一个很有名的实验，是"让刚出生的小猫在只有竖线的空间内长大，那只猫将看不见横线"。如果将那只猫放在方形的桌子上，它将因为看不见桌缘的横边而从桌面摔落。这就是受到一直以来所处理的信息在脑里形成的回路的影响的案例。对于大脑而言，"可以处理特定信息"本来就是"产生特定的意识"，这近似于"激活对特定事情的信息的处理回路"。

例如要制作某项商品策略的时候，不仅要搜集市场及竞争者的信息，也要对商品制作过程、资材的调度、物流及销售等均有具体的概念，甚至需要有能力推测发生变化时会造成的影响，这样才能做出正确的判断。解决问题时，熟知组织的历史或发展历程也是不可或缺的。而为了培养这些素养，就需要相应的时间：这一点在科学研究上也是相同的。对于现在已经知道的事、最近的发现与其中的含义等，是否能够沿着前后脉络（context）进一步深入了解目前面对的问题，这才是一决胜负的开始。

　　希望本书的读者们能够成为仔细咀嚼信息的人，也就是可以正确理解各种含义、价值和重要性的人。并且希望各位读者留意，千万不要成为只用表面逻辑"假装思考"的人。

第 1 章

议题思考
解决问题之前，先查明问题

恩里科·费米（Enrico Fermi）对于数学也很擅长。如果有必要的话，他也可以运用复杂的数学计算，但他首先会确认是否有那个必要。他是用最少的努力与数学工具交出成果的高手。

——汉斯·贝特（Hans Bethe）

汉斯·贝特：美国物理学家，1967年诺贝尔物理学奖得主。

恩里科·费米：生于意大利的物理学家，1938年诺贝尔物理学奖得主。

引自《天才物理学家列传》（*Great Physicists: The Life and Times of Leading Physicists from Galileo to Hawking*），威廉·H.克鲁柏（William H. Cropper）著。

1.1 查明议题

本书曾在导论中说过为了不要走上事倍功半的"败者之路"，一定要查明议题。不要为了解决问题就立即动手尝试各种可能，而是应该从查明议题开始。也就是从讨论"什么有必要找出答案"开始，并以"为此必须先弄清楚什么"的思考流程着手分析，这才是最标准的做法。即使分析结果与预设不同，但最后成为有意义的输出（成果）的概率仍然很高。因为如果找到了"对往后的讨论具有重大影响"的答案，无论在商业上还是研究上都会有显著进步。

一般人看到问题，很容易首先就想"赶快找到答案"，但是，真正首先应该做的是判断该解答问题本身，也就是"查明议题"，然而这可能是违反人类本能的问题解决法。在还不知道具体内容时，就听到"要明确表达最终想要传达的是什么"这种命令，越是认真思考的人就越会感到不愉快。因此，"船到桥头自然直，反正实际动手之后就会知道该怎么做"的想法横行。就像大部分的人都体验过的那样，这正是做无用功、生产力低的解决方式。还有认为人"不用实际动手做，自然而然就会知道"、可以跳过查明议题的步骤，这种想法也是造成失败的元凶。

如果没有先查明"什么有必要找出答案"这个议题就来处理问题，之后一定会产生混乱，目标意识会变得模糊，从而做了许多无用功。无论在商业还是研究领域，几乎没有一个人独自处理问题的情况吧？在团队内部先针对"这是为了什么而做"统一共识，并定好"折返点"，一次无法完成，就多花几次时间进行检讨。这个原则在制作企划案时也是一样的。当生产力下降的时候，团队整体要针对议题调整达成共识。折返回到起点，整理一下"究竟这个计划是要找出什么问题的答案"。然后，在那时也正好可以再次确认成员们是否还充满斗志、所有人对于问题的理解还是否相同。

你有没有个人专属的智囊团？

在工作或研究经验尚浅的时候，不建议一个人进行查明议题的工作，因为你可能会有很多像是"如果可以验证这个问题的话，我就很厉害吧！"这样的想法。但是，如果不是对该领域具有相当深的认识的人，恐怕不会知道"这对接收者而言是否真的有震撼力"。而且，经验不足的人也不知道为了要证明自己想传达的内容，需要做哪些分析或验证。甚至，即使对上述部分都有充分的了解，但若缺少具有说服力的实际验证方法，一切就都毫无意义了。

要查明议题，就需要判断"实际上有没有震撼力？""能否以具有说服力的方式验证？""是否能够传达给接收者？"这些问题，这时就要有某种程度的经验与"选择力"。

在这样的情况下，找个可靠的商量对象是最简便快速的方式。这正是老练又有智慧的人或是对该课题领域具有直接经验的人展现知识见闻的时机。在顾问公司里，一个团队中一定会加入资深顾问，而美国研究室中包含指导教授在内的学位审查委员会，就是发挥这样的功能。就算不属于特定组织，也希望你能针对各个讨论主题先找到可靠的商量对象。

就连一般企业人或学生也是，当你在写论文、报道、专著或博客时，找到所谓的"那个人"，请毫不犹豫地提出见面商量的邀约。另外，研究院、智库之类的机构也有许多可以洽谈的专家。事实上，是否拥有这种"智囊团人脉"正是表现突出与表现不突出的人之间的显著差异。

1.2 试拟假说

重要的是"自己的立场是什么?"

关于议题的查明,很多人只做到"必须先决定类似这样的事情"这种"主题整理"的程度便停止了,但这样根本完全不够。如果想等展开实际的讨论之后再思考"议题是什么",时间再多也不够用。为了避免产生这样的结果,就算勉强,也要事先建立具体的假说(hypothesis)。绝对不要说"不试试看怎么知道"这种话,在这时候能否站稳脚跟、坚持到底,对后续的影响将非常大。

为什么呢? 理由有三。

① 针对议题找答案

原本就需要采取具体的立场、实际建立假说,才能成为可以找到答案的议题。例如:"××市场规模现在究竟如何?"这只不过是单纯的"提问"。这时候,通过设立"××市场规模是否正在逐渐缩小?"这一假说,才会成为可以找到答案的议题。也就是说,假说才能让原本单纯的提问,摇身一变成为有意义的"议题"。

② 知道所需的信息及该做的分析

只要没有提出假说，在讨论的阶段与想找出答案的阶段，就无法确定甚至无法发现上述内容是否明确。建立假说才能第一次明确真正需要的信息，以及要做的分析是什么。

③ 让分析结果的解释明确化

在没有假说的情况下就开始进行分析的话，将很难解释分析的结果究竟是否充分，最后只是徒劳无功。

我亲眼见过在日本的公司里有说一声"某某人，你先针对快要实行的新会计准则做一下调查"来分配工作的做法。可是这样根本令人搞不清楚究竟要调查什么事情、要调查到什么程度才好。而这里，正是假说登场的时机。

"在新会计准则下，我们公司的利润是否可能大幅下滑？"

"新会计准则对我们公司利润的影响是否达到一年一百亿日元的规模？"

"在新会计准则下，竞争者的利润也会改变，那我们公司的地位是否会相应变差？"

"在新会计准则下，各业务的会计管理及事务处理是否有可注意的地方让负面影响降到最低？"

若根据这种程度的假说交代工作的话，被交代工作的人自己也可以明确知道该调查什么内容、到什么程度。通过建立假说的方式，让该找出答案的议题明确化，如此一来，可大幅减少无谓的工作，如此一来，就能提高生产力。

凡事都化为"语言、文字"

看见议题并对其建立假说之后，接下来就要化为语言或文字。

当出现"这就是议题吗？""这就是要查明的地方吗？"的想法时，马上用语言表达出来是很重要的。

为什么？这是因为用语言或文字表达议题，我们才会更明确地认识到自己该如何看待这个议题、想要弄清楚的是哪两者的分岔点。如果没有用语言或文字来表达，不仅自己，就连团队内部也会产生误解，结果会导致不可挽回的误差，并浪费时间、白忙一气。

把准备彻底执行的议题与假说写在纸上或将计算机文件转化为文字，听起来也许会觉得很简单，但是，大多数的情况往往是看起来容易做起来难。如果深入追究无法用语言或文字表达的原因，就会发现这是因为查明议题与建立假说的方式不够周全。转化成文字时，就会知道"究竟想要说什么"目前落实到什么程度；转化为语言时，有一时语塞讲不出来的地方，就表示没有找到议题所在，换句话说，这就是还没提出假说就想直接着手进行的结果。

当我说出"用语言或文字表达议题""坚持将议题诉诸语言或文字到病态的程度"这些话时，许多人都很吃惊：因为我作为一个"理工科型思维且凡事分析的人"，从我口中说出"要重视把概念诉诸语言或文字"这种话，似乎令人很意外。

我想，这也是基于议题进行的思考的本质受到误解的地方。

如果不将议题诉诸语言或转化为文字，就无法整合概念。"画画"或"图解"也许有助于掌握意象，但是，要定义概念，就只能靠语言或文字（包含数学式、化学式）——这种被人类创造出来之后历经数千年淬炼，至今出错最少的思考表达工具。在此我先强调一下，若不使用语言或文字，人类会很难进行明确清晰的思考。

世界上的人大致可以分为两种："视觉思考型"（即用视觉上的意象进行思考的类型）与"语言思考型"（即用语言进行思考的类型）。我是典型的视觉思考型的人，相应的，由于日本人使用汉字，因此多数人都属于视觉思考型。

将议题诉诸语言或转化为文字，对"视觉思考型"的人而言，尤其重要。

视觉思考型的人大致可以理解语言思考型的人所说的内容，但相反的，视觉思考型的人所说的内容对语言思考型的人来说则几乎全都无法理解。世界上属于语言思考型的人占多数，所以视觉思考型的人若不能对自己打算处理的议题加以语言化，将大幅降低团队的生产力。

我在刚进入职场的时候也是如此，虽然脑中浮现了许多点子，却无法将点子落实成语言，想说的话无法顺利传达给周围的人们，因而受了很多苦。但当我有意识地反复提醒自己"将议题转化为语言或文字"之后，过了一段时期，工作忽然就变得轻松起来。

听起来好像很容易，然而一旦要实际执行，就会发现知易行难，这并不是那么简单的事情。不用语言或文字明确表达是许多人的思考习惯，所以我建议各位读者，必须刻意进行自我训练。

用语言或文字表达时的重点

在此先举出一些利用文字或语言表达议题、假说时，必须注意的重点。

① 加入"主语"和"动词"

句子越简单越好。因此简单又有效的方法就是"用包含主语和动词的句子来表达"。日文中的句子可以没有主语，所以时常出现"在事情进展过程中，大家所想的都不一样"的状况。如果加入主语与动词，就可以消除语句中模糊不清的部分，瞬间大幅提高假说的准确度。

② 用 "WHERE" "WHAT" "HOW" 取代 "WHY"

议题的语言化还有一个秘诀，就是要注意表达的句型。

好的议题句型不是用 "为什么……" 这种 "WHY" 问句，大部分是采用 "WHERE" "WHAT" "HOW" 中的某一个句型。

- "WHERE" —— "哪一边？" "目标在哪里？"
- "WHAT" —— "该做什么？" "该避免什么？"
- "HOW" —— "该怎么做？" "该如何进行？"

"WHY" 句型中没有假说，不能明确弄清楚问题的是非黑白。所以读者们应该可以理解在按照 "找出答案" 的观点整理议题之后，为什么大多会采用 "WHERE" "WHAT" "HOW" 句型。

③ 加入比较句型

在文句中加入比较句型，也是不错的想法。如果是需要查明 "某某是 A 还是 B" 的议题，与其用 "某某是 B" 的句型，不如用 "某某并不是 A，而是 B" 的句型。

例如，假设有某个关于新产品开发方向性的议题，与其说

"该加强的是操作性"，不如使用"该加强的不是有关处理能力的那种硬件规格，而是操作性"这种句型，用对比的句子表达，想要找出什么问题的答案就全都变得很明确。如果可以的话，请各位读者一定要利用这个技巧。

1.3 成为好议题的三要素

关于"好议题"，我们再进一步深入思考。

所谓"好议题"，就是可以让自己或团队振奋起来，而且经过完整验证，其效果更可让接收者不禁赞叹。像这样的议题有三个共同点。

① 属于本质性的选项

好的议题必须是一旦找出答案，就会对之后的讨论方向产生重大影响。

② 含有深入的假说

好的议题含有深入的假说。其深入程度，会让人一碰到这个议题就产生怀疑："要明确立场到这个程度吗？"也就是"颠覆常识的视角"或用"新结构"解释普遍情况。这么一来，当完成验证时，无论是谁都会认同由此产生的价值。

③ 可以找到答案

也许读者会发出"咦？"的疑问，可是这里强调的是，好的议题必须"确实可找到答案"，因为这世界上"虽然重要却找不到答案的问题"多得不得了。

接下来我将对"好议题的三要素"（图1-1）做更详细的介绍。

图1-1 好议题的三要素

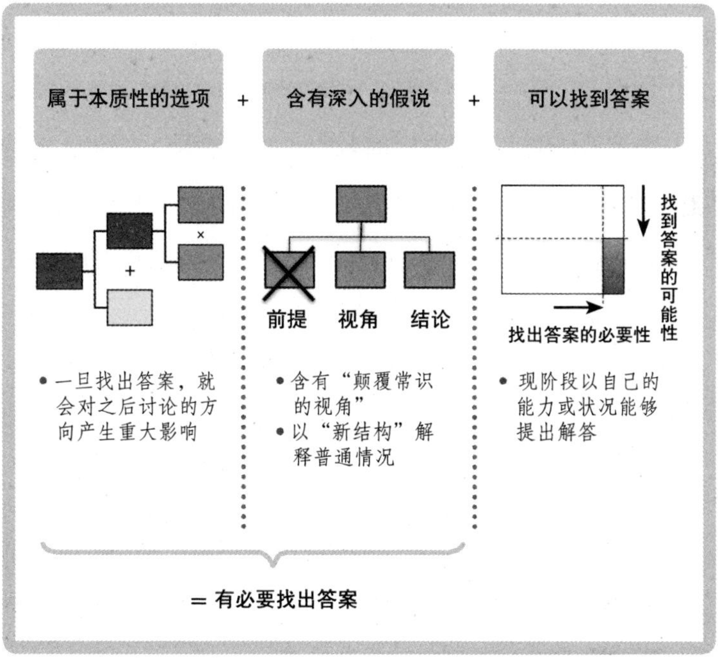

要素①：属于本质性的选项

具有震撼力的议题总会牵涉某种本质性的选项。必须是像"往左还是往右"这种其结论会产生重大改变的事情，才能称为议题，也就是说"有本质性的选项就是关键性的问题"。

在科学领域中，大型议题多数都很明确。在我所主攻的脑神经科学界，19 世纪末的大型议题之一就是"脑神经是如网络般相连接的巨大结构，还是具有以某个长度为单位的集合体"。后来，经神经科学之父圣地亚哥·拉蒙·卡哈尔（Santiago Ramóny Cajal，1906 年诺贝尔生理学或医学奖得主）研究，证实是"具有以某个长度为单位的集合体"，现在该基本单位称为"神经元"（neuron，或译为神经细胞）。在科学界也有其他几个大型议题，像是自古闻名的"地心说与日心说"，还有最近在印度尼西亚的洞窟内发现的一种叫作"佛罗里斯人"（Homo floresiensis）的矮小人种，与现代人类系统是否相关等。

具备选项，而且不同选择将对未来的研究产生重大影响的议题，才是好的议题。

那么，在商业界的情况又是如何？

以某食品商检讨"商品 A 不畅销"的原因为例，试想一下。大多数的时候，一开始会提出的主要议题大概是"究竟是'A 不具备产品优势'，还是'A 虽然具备产品优势，但销售方法不好'"。因为根据不同选择，之后重新检视策略时的重点将有很大变化。

　　某连锁便利商店在检讨"整体营业额下降"的原因时，一开始会提出的议题应该是"究竟是'店铺数量减少'，还是'每一家店铺的营业额下降'"。若是前者，该课题就是讨论店铺扩展速度或者是店铺的撤店及加盟退出率；若是后者的话，问题就在于是否扩展店面及运营方式。

　　无论哪一种可能都会让人认为"有道理"，但实际上大多数案例都无法像这样将议题查明到这个程度，而是自认为"商品本身很好，是销售方式不对""问题一定出在店铺的扩展上"等，于是就贸然采取行动了。先来查明最大的分歧点是很重要的。另外，要查明"本质性的选项"时，提前对容易误入的"议题陷阱"保持警觉，也是很有效的方法。

如何分辨"假议题"？

　　在导论中我也曾提到过，世上大部分被称为"问题"或是让你想要查查看的问题，大多数都不是当下真正有必要立刻找出答案的问题。因此我们要特别注意，不要被这种"假议题"迷惑。

　　假设某个饮料品牌长期业绩萧条，全公司一起检讨如何重新振作。此时经常会看到的议题选项是"'是否该以现在的品牌继续奋斗下去'还是'该更新为新品牌'"。

可是，这时候首先应该弄清楚的是品牌萧条的主要原因吧？如果不知道"究竟是由于'市场规模缩减'还是'在与同行的竞争中落败'"的话，就根本无从判断"修正品牌的方向性"究竟是不是议题。

假设原因是市场规模缩减，那么通常在进行品牌的修正之前，必须先重新检视所设定的目标市场才行。这么一来，"品牌方向性的修正"不仅不是议题，甚至根本什么都不是。在最初阶段，准确挑出这种乍看起来几可乱真的"假议题"，是很重要的关键。

这种乍看之下很像是议题的情况，大部分也都是不需要或是不应该在当下找出答案的情况。每当这时，我们就要回头反思："现在是否真的必须找出这个答案？""真的应该从这里找出答案吗？"这样一来，就能尽可能地避免在做了无用功之后才后悔"那时候根本没必要勉强那么做"。

议题并非静止不动，而是动态变化

另外，还有一点希望各位先记在心里——议题是"浮动目标"，也就是说，"议题并非静止不动，而是在动态变化"。特别是在处理商业问题时，这一点尤为关键。

议题指的是"应该找出答案的问题"，也就是"正确的问题"，即使处理的是相同的业务或主题，一般都会随着公司、部门、时间、会议或是说话对象的不同而变化。由于议题是"现在必须找出答案的事情"，所以实际上会随着责任部门或立场的不同而改变，甚至还时常可以见到对某人而言是议题，但是对其他人而言就不是议题的情形。

有一个典型的例子是，议题时常会随着作为议题主语的"企业"的不同而变化。即使是在相同的商品领域讨论经营战略，随着企业的不同，议题需要查明的地方也不同。就算业界本身看起来也许相差不多，但对于业界是以什么方式看待，或那具有什么样的意义，将会因为企业各自的历史、文化及策略等因素的不同而完全不同。

例如，来思考一下这样的场景——苹果公司（Apple）正在拟定以"iPad"为主的平板电脑市场策略。首先，应该很容易就想到从这个市场发迹的苹果公司，和其他的企业所要查明的地方会有很大区别吧？甚至还会想到是否该拥有自家企业专属的操作系统，或与其他公司以什么方式共享操作系统等问题。随着这些问题的答案不同，其中的含义也会跟着改变。

在认为"议题就是这个"的时候，请确认一下它的主语。如果即使改变了"对谁而言"的主语仍可成立的话，很可能就要再确认一下查明议题的步骤是不是还不够完善。

另外，还有些情况是在进行重要决策之后，周围的议题根本就不成议题了。

例如，假设某家汽车厂针对"未来时代油电混合车的新趋势"进行讨论，一般可能会举出很多讨论项目，像是"应以何种引擎与马达技术为基础？""如何管理电池？""要开发哪一款车型？"等需要找出答案的议题。但是，这时候如果状况转变成"由于高层的交涉，决定接受由竞争对手公司提供的技术授权"的话，这些议题中的大多数恐怕都必须重新改过。

在科学界，"一旦有新发现，科学家就必须重新检视作为前提的事实"，也是同样的状况。

要素②：含有深入的假说

好议题的第二要素，就是"含有深入的假说"。下述固定程序将有助于让假说更为深入。

推翻常识

要加深假说的程度，一个很简单的方法就是"列出人们普遍相信的事项，从中找找有没有可以推翻的部分，或利用不同的观点也可以说明的部分"。"推翻常识"在英文中有"违反直觉"的意思，称作"counterintuitive"，我们就是要找到这种"违反直觉"的部分。这时，找熟悉该领域的人进行访谈应该会很有帮助；或者在计划刚开始的阶段，听听专家或第一线（现场）人员的说法，就可以知道在该领域中普遍相信的内容，也就是所谓的"常识"。相较于从书中学习，像这样"凭身体五感获得的常识"获得反证时，印象会更为深刻。

比方说，在日常生活中看起来觉得"太阳绕着地球转动"的地心说，与事实证明"其实是地球绕着太阳转动"的日心说，正是堪称经典的最佳写照。对于在日常生活中身体无从感觉的"时间与空间的关系"，当时爱因斯坦提出"时间与空间为一体"的相对论引发了相当大的震撼，也是很典型的案例。"光"等于"波"等于"粒子"的量子力学，其基本逻辑也是因为在眼睛可以看得见的大千世界里没有"波"等于"粒子"的存在，所以才会令人感到震惊。主张"我们生存的世界中属于最大存在的宇宙，一开始是起自于一个点"的大爆炸理论，也是因为违反"最大始于最小"的直觉，形成了特殊的对比，所以才具有震撼力。

再举一个很有名的科学案例。在 20 世纪 40 至 70 年代，生物学界有一个大型议题是："生命体的能量吸收是如何进行的？"作为食物被摄入体内的碳水化合物在细胞内进行分解，最后变成水和二氧化碳，这时候"燃烧"所释放的能量大部分都成为腺苷三磷酸（ATP, adenosine triphosphate）——一种磷酸化合物——而被吸收。这就是呼吸的本质，且成为所有生命活动的直接能量来源。关于这个能量的吸收，大部分人之前都认为与其他生物化学反应一样，是"在细胞内的连锁性化学反应"，但英国生物化学学者彼得·丹尼斯·米切尔（Peter Dennis Mitchell）主张是"在离子穿透线粒体膜的时候产生吸收"，并且加以证明。解开世纪大问题的米切尔于1978年得到诺贝尔化学奖。这也是推翻之前常识的典型案例。

在科学界，像这种迫使主要架构发生改变的发现，往往会造就很多新的研究领域；在商业界，则往往导致彻底地重新检视策略与计划、找到竞争者未察觉的发现或视角，这将成为重要的策略优势。

商业上含有深入的假说的议题大致有以下几种：

以为正在扩大的市场，却在先行指标的阶段大幅缩减。

相对于以为市场会比较大的区块A，从收益的角度看，却是区块B较大。

以销售量为主进行竞争的市场，事实上产品的市场占有率越高，利润越少。

核心市场的市场占有率扩大了，但成长型市场的市场占有率却缩小了。

也许会有人认为："那么重要的事情，怎么可能会忽略呢？"但是，我在业界顶尖企业的项目中曾发现类似的状况。希望各位读者时常思考一下，你所相信的信念或前提有没有任何遗漏。

用"新结构"理解所见所闻

用于得到深入假说的第二个程序是，思考能否用"新结构"来理解所见所闻。这究竟是什么意思呢？其实是因为人对于看惯的事物得到了前所未有的认识时，真的会受到很大的冲击。其中一个做法就是刚才介绍的"推翻常识"，而还有一个做法就是以"新结构"理解所见所闻。

这是由我们脑神经系统的构造所导致的。我们的脑中没有相当于计算机的"内存"或"硬盘"的记忆装置，只有神经之间彼此联结的构造而已。也就是说，神经间的"联结"就变成了基本的"理解"的来源。因此，当有些以前以为没什么关系的信息之间竟然产生了联结时，我们脑中就会感到很强的震撼。所谓"人类了解了什么事"，换句话说，就是"发现两个以上不同的已知信息之间产生了新的联结"。

以新结构理解所见所闻有四种类型（见图1-2）：

图1-2　结构性理解的四种类型

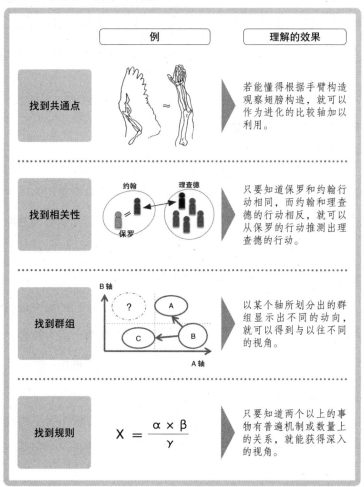

①找到共通点

最简单的新结构就是找到共通点，也就是说，对于两个以上的事物，只要看出某个共通的部分，人就会恍然大悟。与其说"某人在墨西哥建国时，对于团结两个对立阵营有很大的贡献"，还不如说"某人是墨西哥的坂本龙马[①]"，只要是日本人都会觉得后者比较好理解。如果说"办公室用的打印机和大楼内的空调，收益结构相同"，人们只要知道其中某一种结构，就会点头赞同说"原来如此"。人们普遍认为手臂与鸟类的翅膀其实是相同作用的器官，只是进化成不同形状而已，这也是一样的道理。

②找到相关性

第二个新结构是找到相关性。即使不知道完整的整体样貌，只要知道多个现象之间的相关性，人就觉得已经有所了解。

只要知道"保罗和约翰是好朋友，大致都采取相同的行动""约翰与理查德对立，采取完全相反的行动"这些信息，只要看保罗最近的行动，就能大致知道理查德在做什么了。

在科学领域中有一个典型的案例，就是"完全不同的荷尔蒙在脑内相应的两个受体（receptor）有功能上的相关性"。若说成十个不同的荷尔蒙与受体间存在系统性的关系，就可能向理解大幅迈进。事实上，就有几个这种类型的研究获得了诺贝尔奖。

---

① 译者注：日本近代史上的名人，撮合对立的长州藩与萨摩藩签立"萨长倒幕联盟"而合作。

③找到群组

第三个新结构是找到群组。将讨论对象分成几个群组。因此，之前原本看起来像一个或无数个类型的事物，可以判断成特定数量的群组，从而加深发现程度。

群组的典型案例是商业上的"市场区隔"（segmentation）。将市场基于某个观点进行划分，只要观察各个群组各自不同的动向，就会获得与之前不同的结果，从而使得对自家商品或竞争对手商品的现状分析与未来预测变得更容易。

④找到规则

第四个新结构是发掘规则。当知道两个以上的事物有某些普遍机制或数量上的关系，人就会觉得能够理解。

许多物理法则的发现都属于这个类型。比如，"从桌上掉落的铅笔""从地球仰望月亮（稳定地飘浮着）"这些都可以用相同的逻辑（地心引力）解释。

到目前为止，在商业上找到的例子不多，但是，两个看起来八竿子打不着却包含规律的事例倒是不少。比方说，如果知道"工业汽油的交易价格有起伏时，十个月后，玉米等农产品的价格将会同样波动"这个固定模式，就会发现更深层的结构。

就算无法在一开始就发现能"推翻常识"的强有力的议

题，也不需要失望。就如同之前一直在说明的，思考能否用
"新结构"解释现象，是另一种正面攻略。然后若能以这些相
联结的观点验证新事项，就会产生更深入的见解与震撼。与朝
永振一郎（Sin-Itiro Tomonaga）一起获得诺贝尔物理学奖的理
查德·费曼（Richard Feynman）曾经说过："科学的贡献在于
看见未来，让推理成为发挥功能的工具。"这正体现了获得深
入结构性理解的本质。

要素③：可以找到答案

即使是"属于本质性的选项"而且充分"含有深入的假
说"的问题，也有不是好议题的情况，那就是无法找出明确答
案的问题。也许有人会质疑："有那样的问题吗？"但其实有
很多问题是无论用什么解决方式，都不可能用已有的办法或技
术找到答案。

我在研究领域的老师之一山根彻男曾经告诉过我一个
故事。在20世纪60年代，山根老师还就读于加州理工学院
（Caltech，California Institute of Technology）时，曾从当时还在
追求天才称号的费曼那里听到这样一番话：

"重力与电磁力都属于三度空间，与距离的次方成反

比"，这确实是非常值得研究的现象。可是我建议不要接触这类问题比较好，因为现在还无法预料能否找得到答案。

在五十年后的今天，该问题尽管经过为数众多的天才们研究，仍然尚未解决，费曼果然是正确的。

在科学界，就像费曼提到的例子一样，存在许多"即使以前就知道这是个谜团，却因为没有可以找出答案的实际办法而束手无策"的问题，等找到办法才终于能够展开研究的问题多得数也数不清。

在问题提出后过了三百多年才终于解开的"费马大定理"（Fermat Last Theorem），也是在普林斯顿大学任教的英国数学家安德鲁·怀尔斯（Andrew John Wiles）用尽近代数学的浑身解数才终于解开的，这正是"等找到办法才终于得以成为好议题"的一个例子。

生物学家利根川进说过的话，也充满启发性：

雷纳托·杜尔贝科（Renato Dulbecco）博士后来最称赞我的地方，是他认为我善用当时可利用的技术，在濒临最前端的边缘之处，找出目前生物学剩下的重要问题中，有什么是可能可以解决的……无论有多么好的点子，如果没有可以实现的技术，就绝对无法实现。但在大家认为因没有技术而无法实现的问题当中，也有某些情况处于比较微妙的边缘地带，若能善加利用当时可用的技术到极致，就有可能勉强完成。[1]

杜尔贝科博士是1975年诺贝尔生理学或医学奖得主，他是利根川进的指导老师之一，他的教诲让利根川进完全掌握了好议题的本质。无论是多么关键的问题，只要是"找不出答案的问题"就不能称为好议题。"在能找出答案的前提下最具震撼力的问题"，才能成为有意义的议题。就算无法直接找出答案，但通过分解问题，若有可以找到答案的部分，就将那部分划分出来作为议题。

在商业界中，类似的问题也是堆积如山。

例如，定价的问题。"如果三至八家企业占据了大半市场（实际上大部分的市场都是这样），该如何设定商品定价？"这实际上是非常难的问题，至今仍没有明确的"固定程序"，也就是没有可以经过分析找出确切答案的方法。如果参战的只有两家公司，还可以灵活运用博弈论（Game Theory），对该前进的方向找出相当程度的答案；一旦竞争企业达到三家以上，战况立即就变得复杂许多。

---

[1]　摘自《精神与物质》一书，日本文艺春秋出版社。

　　就算可以看见所有的问题，但仍有大量让人束手无策，或是目前还找不到清楚的解决方法的问题，这是不容忽视的事实。而且也有一些问题是别人可以解决，但却超出自己所能处理的范围。虽然也可以不去想太多就去处理，但只怕一旦验证方法瓦解，无论在时间方面还是所费的功夫方面，都可能会造成不可挽回的损失。

　　不是"具有震撼力的问题"就可以直接成为"好议题"。而且就如同费曼所说的，必须认识到的确存在"目前几乎不可能找到答案的问题"的事实，且不要在这类问题上花时间，这是很重要的事情。

　　因此，成为"好议题"的第三个条件，就是查明"是否可以用既有的方法，或现在可着手进行的解决方法找出答案"。在可以看见议题选项的阶段，必须用这样的观点重新检视。

　　如导论中所述，就算假设关心的问题有一百个，"真正应该在当下找出答案的问题"顶多两三个而已。而且，其中"在现阶段拥有找出答案的办法的问题"又只剩下半数左右。也就是说真正应该在现在找出答案的问题，而且是可以找到答案的问题，即议题，只占我们认为是问题的问题总数的1%左右而已。（详见图1-3）

图1-3　"问题"的扩展

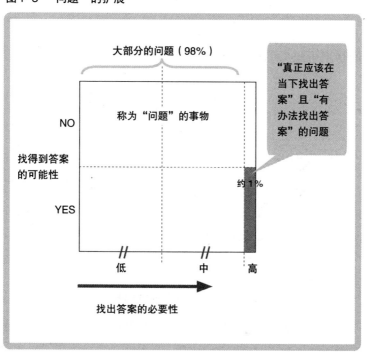

查明议题比较理想的方式，就应像年轻时的利根川进教授那样，对于就算所有人都觉得"该找出答案"却又"束手无策"的问题，从中发掘那些觉得"如果用我的办法就能找出答案"的这种"位于死角的议题"。无论世上的人说什么，都应该经常问自己："能否以我自己独具的观点找出答案？"如果说有什么经验可以超越学术上或业务领域中的解决方式的话，大部分都是因为拥有这种"自己独具的观点"。

1.4 用于确立议题的信息搜集

取得用于思考的材料

在了解"所谓好的议题是什么？"和"建立假说的重要性"之后，接下来必须思考该如何获得用于发掘上述内容的"材料"。

也许大部分的主管会责骂下属："怎么可以用假说那种不确定的推论为基础谈事情？"但是，如果光用理论看问题或切入问题点，也就是只凭理论找到与议题、假说的联结是一件很困难的事。无论对谁而言都一样，无论是专门解决问题的资深顾问、干练的社长，还是顶尖的研究者都是如此，当遇上知识不足或者答案并非显而易见的主题时，就只好搜集数据作为建立假说的线索。

那么，为了要得到线索，究竟该怎么做呢？针对所处理的主题及对象"粗略地获取用于思考的材料"——也就是不要花费太多时间，只要搜集主干结构的信息，亲身感受一下对象的状态即可。在这里与其追求详细数字，不如着眼于整体的流程与结构。

在大学念书时从事专题研究，可能要花费几个月的时间。然而一旦毕业进入职场后，这种做法就非常没有效率，根本称不上是"生产力高"的做法。想办法将议题明确化、有效率地进行重要的验证并更新假说，才能在每一天都真正实现"高生产力"。大多数的情况下，从建立假说到验证为止，短则一个星期、长则十天可以绕完一个循环。所以最开始的步骤，就是搜集用于思考而提出假说的资料，尽可能在二至三天就完成；访谈等需要花时间做准备的部分，要事先做好准备工作。

话虽如此，光凭这些说明，各位读者还是难以理解具体该做些什么吧？所以我整理了一些技巧来搜集用于选定议题的信息。

技巧①：接触一手信息

第一个技巧就是接触"一手信息"。所谓的一手信息，就是没有经过任何人过滤的数据。具体而言，展开以下行动会有成效：

- 以制造生产为例：站到生产线与调度的第一线（现场），与第一线人员聊一聊。如果时间允许，一起动手进行某项作业。
- 以销售为例：前往销售的第一线。比如，站在店门口听取顾客的声音；可以的话，和顾客一起行动。

● 以商品研发为例：前往使用商品的第一线，与使用商品的顾客对话。询问顾客为什么使用该商品，该商品与其他商品如何区分使用，在不同场合应该如何使用。

● 以研究为例：前往研究该主题者或该方法者的研究室，实际听他说并观察现场。

● 以地方县市为例：以地方县市为调查对象时，凡事眼见为凭。此外，建议再去拜访与该地方县市采取相反行动的地方县市，了解差异。

● 以资料为例：针对未经加工的第一手原始数据，观察变化的类型或特征进行理解。

听起来也许是很基本的事情，但是却很少有人对这些事情做到如同呼吸一般理所当然。越是被称赞为"优秀""聪明"的人，越是只用头脑思考，想要以乍看之下很有效率的方式从各种读物等二手信息中获取线索，而这正是致命伤，因为在建立重要的假说时，这会变成以"戴着有色眼镜看信息"的态度思考。

很多时候，只要没有眼见为凭、亲身感受，就无法理解第一线（现场）究竟发生了什么事。因为时常会有乍看之下毫不相干的事物，一到现场却是紧密的联动关系，或者本应是联动的事物却彼此分离的情况。这些状况都是只要没到现场查看就无法理解，这是在间接的简报、报告或论文等二手信息中，绝对不可能会提出的死角。

无论如何表达，二手信息只不过是显示了从拥有众多层面的复合性质的对象中，巧妙地抽取出来的某一个片段式的信息而已（详见图 1-4）。所谓的"事实"，只要不是直接看见的人就无法认知。因此，建议花费几天时间，集中接触一手信息，这样将令我们对发生在自己身上的事实有切身体会，并提供强而有力的方针帮助我们建立明确的假说。

另外，到各个现场接触一手信息的时候，就会听到现场人员由经验所衍生出来的智慧。不只可以听到无论读多少文字信息都不会知道的重点，甚至可以询问他拥有什么样的问题意

图 1-4　二手资料的危险性

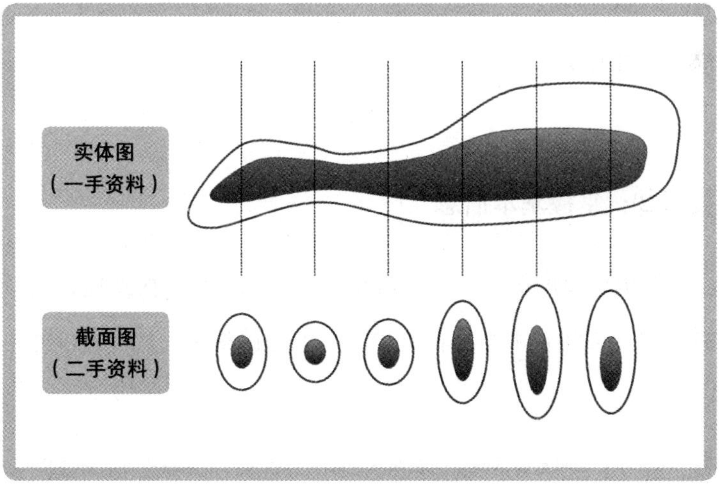

实体图
（一手资料）

截面图
（二手资料）

识，像是现在面临的瓶颈、不赞同一般人说法的原因、实际行动时真正应该确定的事情等，可以一口气吸收那些用钱也买不到的智慧。

大部分的日本公司很少将公司内部的事情直接咨询外部专家，这真的很可惜。如果说原因在于"因为有很多事对公司外部需要保密，所以不能与外部交流"，那大部分的情况其实只是想太多。

向不认识的人进行电话访谈，英文称之为"cold call"[①]，学会这项工作后，生产力将急遽提升。只要好好地告诉对方你在正当的公司工作或在大学、研究所进修，"涉及有保密义务的内容完全不用说出来，现在所问到的内容只用于内部讨论"等，大部分人都会做出配合。其实，我也曾进行过数百次"cold call"，被拒绝的次数很少。因此，如果想要提高生产力，这是个好方法。

技巧②：掌握基本信息

搜集信息的第二个技巧就是从一手信息中获得感觉，同时将世间常识和基本事项在某种程度上加以整合，按照MECE原

---

① 编者注：拿起电话直接打电话给陌生人或潜在客户，亦称为"电话销售"。

则①快速扫描（调查）。

这时候，一定要特别注意"避免只凭自己的想法就拍板定案"。首先应确定所处理课题领域中的基本知识。一般在商业上推敲业务环境的话，只要持续观察下述要素：

1. 业界内的竞争关系

2. 潜在进入者

3. 替代品

4. 业务下游（顾客、买家等）

5. 业务上游（供货商、供应企业等）

6. 技术和创新

7. 相关法规

其中1至5项是由麦可·波特（Michael Porter）所提倡的"五力"（Five Forces），再加上6至7项合计七个项目的发展，在起步的阶段应该就足够了（图1-5）。

学会观察上述要素的发展之后，实际上在扫描中需要确定的就是"数字""问题意识"和"架构"这三点。

———————————

① 即Mutually Exclusive Collectively Exhaustive，亦称为"彼此独立、互无遗漏"，详见第二章。

图1-5 企业环境要素的发展（Forces at Work）

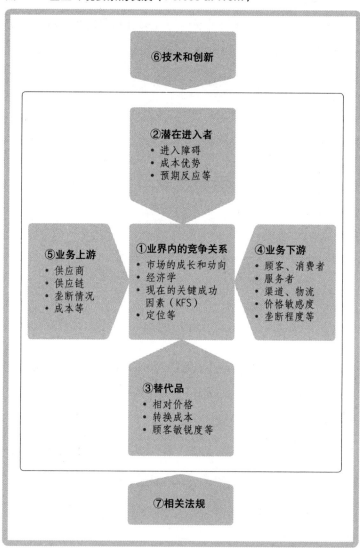

数　字

在科学界，以数字为根基是理所当然的现象，在商业界也很常见。例如在讨论业务整体的时候，会提出"市场规模""市场占有率""营业利益率""（上述指标的）变化率"之类的数字，在零售业会以竞争者的观点提出"每日单位营业额""存货周转""顾客人均消费额"等数字。从整体的角度，根据"不知道就无法继续讨论"的一系列数字来确定大致情况。

问题意识

所谓"问题意识"，是依循过去以来的脉络，找出该领域、业界、企业的常识，与课题领域相关的一般共识，以及从前是否讨论过、讨论的内容及结果等。要涵盖全部的"如果不知道这些，与该领域的人就无法进行对话"的内容，并确认是否遗漏了重要的观点。

架　构

无论在哪一个领域，都需要以下的信息：到目前为止课题整理的情况，课题周围的事情如何定位；要了解正在讨论的问题在既有架构中是什么样的定位，以及什么样的解释。具体而言，活用下述方法可以帮助你轻易掌握整体情况：

- 总论、评论
- 杂志、专业杂志的专题报道
- 分析报告或年度报告
- 主题相关书籍
- 教科书中相符的几页

看书时不妨避开讨论关键技术的专业部分，而只看其中有关基础概念及原则的内容。为了培养时间轴上的宏观角度，同时吸收新旧观点，这也是不错的方式。

技巧③：不要搜集过头或知道过头

第三个技巧是刻意地将搜集信息的深度保留在概要阶段，也就是"不要做过头"。虽然这与速读术或高效能工作术的理念大不相同，但搜集信息的效率必定有其极限，当信息过多的时候，将无法更有智慧。这种情形称为"搜集过头"与"知道过头"。

搜集过头

用于搜集信息的努力、时间和其所获得结果的信息量，在某种程度上呈正比关系，一旦超过某个程度时，迅速吸收新信

图1-6　搜集过头

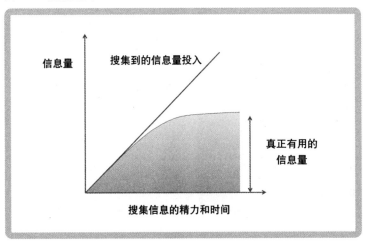

息的速度就会慢下来。这正是"搜集过头"。就算投入大量的时间，具有实际效果的信息也不会呈等比增加（图1-6）。

知道过头

"知道过头"是更严重的问题。在"搜集过头"的图1-6中也可看出，在到达某个信息量之前，智慧确实会快速涌现；可是当超过某个量的时候，快速产生出来的智慧会减少，而最重要的"自己独具的观点"逐渐接近于零。是的，"知识"的增长不一定会带动"智慧"的增长，反而必须经常持有一个观念——信息量在超过某个程度之后，将会造成负面效果（图1-7）。

图1-7　知道过头

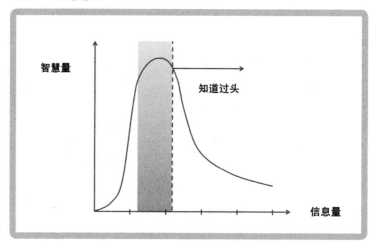

　　对某个领域的一切都了如指掌的人，要产生新的智慧是极为困难的，因为手边所拥有的知识几乎超越了所有想法。就如同一流的科学家达到该领域的权威地位后，就不再像年轻时期那样会产生强烈的点子，这是一样的道理。

　　而且，这也是顾问公司存在于商业界的理由之一。一流企业应该已经招揽了众多业界专家，却还是以高薪雇用顾问，其中有一个很大的原因就在于企业主"知道过头"，所以受到该领域的禁忌或"必须论"的刻板印象束缚，无法产生新的智慧，因此需要"旁观者清"的管理顾问从旁协助。越聪明、越优秀的人，越容易达到"知道过头"的状态，一旦达到该状态就越难逃脱知识的限制。

当人对某个领域有兴趣，在刚获得新信息的阶段，一开始会有各种关心的内容或疑点。每次在向他人求教这些问题或找到答案的过程中，都会加深自身的理解，并涌现新的观点或智慧。在这些观点或智慧未消失的时候，也就是在不要变成"知道过头"的范围内，停止搜集信息，这正是在搜集用于确立议题的信息时的秘诀之一。

1.5　确立议题的五个方法

运用一般的做法无法找到议题时

遵守好议题的条件、找寻本质性的分岔点、尝试可否进行结构性了解、考虑可否推翻现在一般人所相信的常识，并且到现场去找寻决定议题的材料、接触一手信息（不要搜集过头）——可是，即使如此，可能还是会有"不懂究竟什么是议题"的情况出现。这时候，究竟该怎么办呢？

最简单的方法，就是让头脑休息片刻，然后再一次重复刚才介绍的基本步骤，再次接触信息、与有见识的人讨论。但也会遇到信息太充足，甚至搜集过头，或用于找出议题的智慧不够的情况。接下来先介绍在这种情况下可以使用的五种方法（图 1-8）。

图 1-8　找不到议题时的解决方式

解决方式	内容
①删减变量	将几个要素固定下来，删减该考虑的变量，整理查明的重点。 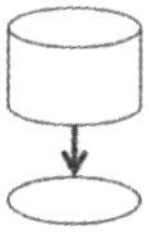
②可视化	将问题的结构视觉化与图示化，整理该找出答案的重点。 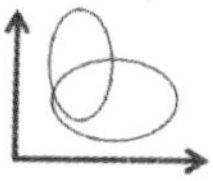
③从最终情形倒推	设想全部课题都解决后的情形，整理与现在眼前情形的落差。 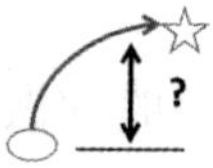
④反复问"So what?"	反复问"So what?"（所以呢？）加深假说的程度。 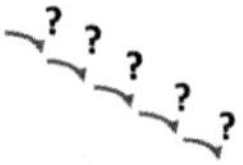
⑤思考极端的实例	通过思考几个极端的实例，探索关键议题。 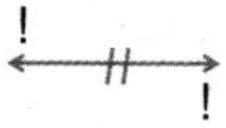

方法①：删减变量

有时候相关的要素太多，如此一来，"什么是重要的要素？什么是决定关键？"甚至连"究竟有没有这样的东西存在？"都看不见了。"世上的消费"和"自然界各种生物间角色的相关性"等主题就是典型的例子。

例如，假设想要了解以下事项：Twitter 与 Facebook 等社交网站服务（SNS，social network service）对商品购买行为有什么影响？用什么数值可看出上述影响？若普及是否存在临界值般的数值？这些问题间具有什么样的相关性？这时候，因为要素太多，可想而知我们很难采取什么办法能够找出所有问题的相关性。假设就算运气好，可以获得数据资料从而了解某些信息的来龙去脉，但大多数要素都彼此相关，因此恐怕也无法进行验证，让所有人都赞同。

在这种情况下，就要思考"能否删减变量"，换句话说，就是能否删减要素或限制要素。比方说，"商品购买行为"涵盖的范围太大，可以将商品领域限定为"数字家电"。如果这样仍然范围太大的话，就再将讨论的对象缩减为"数码相机""打印机"等，这么一来，变数就会减少一个。其次，针对社交网站服务，也可以按群组分为"微博、博客、社交网站"等。在这里，相信这些用于找出议题而搜集到的一手信息，尤其是听取的用户的意见等，就可以作为参考了。通过这个方式，可将原本多达几十个的变量减少到几个而已。

像这样将与问题相关的要素，通过限定对象或按群组分类的方法加以删减，真正的议题通常就因此而变得清楚可见。

方法②：可视化

人类是用眼睛思考的动物。因此大多数的时候眼见为凭，只要看得见形状，就会快速地觉得对于该对象有了某些了解（即使逻辑上并未理解，仍会有此认知）。实际上，我们脑中的枕叶大部分都用于"看东西"，用眼睛看见形状后就会快速地让本质性的重点显现出来。因此，第二个解决方式就是活用大脑的这个特质，进行可视化。要完成可视化有几个典型的做法。（图1-9）

如果讨论对象主题本身与空间有关时，比方说，在讨论"店铺中的陈列方式"时，可以排列出陈列物相互的关系并制成图画。重叠摆放的物品就画成上下重叠，于是就很容易可以看出哪里和哪里的联结还不够清楚，或哪里和哪里的排列会有问题等这些需要查明的地方，而这就是议题。

当处理步骤有既定的顺序时，就将所有步骤由前到后，像拼图的碎片一样一字排开，可以简单地直接在纸上画图，也可

图 1-9　可视化

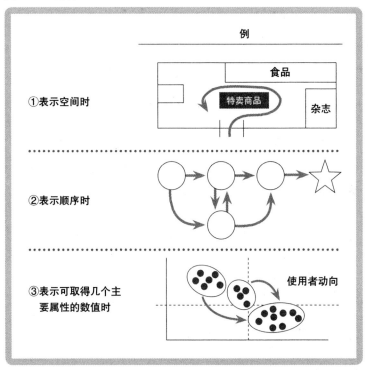

以运用便利贴或单字卡等。在排列的过程中，将逐渐看见课题的本质，比如整合这个步骤才是真正的议题，或删除这个其实不是议题的步骤等。

想要表现得到的几个主要属性（X 轴或 Y 轴）的数值时，用图表进行可视化是很有效的方法。

选择两个属性画图表，或者将两个属性相乘或相除的结果设定为一个轴（例如 X 轴），再将别的要素设定为另一个轴

（例如Y轴）。也有很多时候只要图表化，就可以看见大部分的案例都可以分成几个群组。这个时候，将以上（或以下）特定的数值标上颜色，群组将会更明显。

比方说，如果讨论啤酒新产品的方向性，可暂且以宣传上时常用到的清淡与浓烈度为轴试着画图表。于是就能看见以下述扩展为前提要查明的地方（议题）：于边既有商品处了哪个位置，市场的趋势是朝向哪里，基于上述状况口味的方向性可能会朝向哪里等。

方法③：从最终情形倒推

要快速整理议题的扩展时，可以从"究竟最终想要的是什么？"开始思考，这也是很有效的方法。

例如想要思考自己三至五年的中期事业计划时，设计"想象中的情形与到达目标的正确路径"，正是成为"最终想要的成果"。

然后再更进一步思考要知道什么才能决定"愿景"。于是就需要下述项目：

1. 现在的业务状况（市场观点、竞争观点）；

2. 该以什么作为业务目标的景象；

3. 三至五年后的目标，最关键的因素该放在哪里（是要守住相对优势的地位，还是要积极开发市场等）；

4.对于当时的强项及符合自家企业制胜模式的想法；

5.用数值表现可以如何表达。

这时候，1至5项分别就是该找出答案进行查明的地方，也就是议题。

接下来，思考一下科学界的情况。

假设在脑神经科学的领域里，想要验证"某特定基因的变异，将造成在五十岁后罹患阿尔茨海默病的概率大幅提高"而进行研究：

● 五十岁之后，具有某特定基因变异的人，比其他人更容易罹患阿尔茨海默病，而且比例高很多。

● 该差异在五十岁之前并不明显。

针对这个议题至少需要验证上述两点，并可推测若验证下述事项，将成为验证该议题时相当有力的佐证。

● 这种变异的发生概率与岁数无关，但五十岁以上的阿尔茨海默病患者中，具有该变异的人数比例相较于其他岁数的患者高很多。

这个解决方法，就是像这样将需要查明的议题按照从最终情形倒推的方式思考。而且，利用这个方法可以将议题结构化（此部分将于第二章详细说明）。

方法④：反复问"So what?"（所以呢？）

如果提出当作议题的口袋选项中，多数是一看就是理所当然的问题时，反复问"So what?"（所以呢？）这个假设的问题，将会非常有效果。一而再，再而三地对自己或对团队内部重复问问题，由此让假说越来越具体，该验证的议题也会越琢磨越有深度。这个解决方式与丰田汽车的改革运动中"问五次'为什么？'"（为了查明原因反复询问"为什么？"以追寻问题核心的办法）有异曲同工之妙，只是这里不用于查明原因，而是用于查明该找出答案的议题。

比方说，设定下列描述为议题，会如何呢？

全球气候变暖是错误的。

其中，究竟什么是"错误的"说得不清不楚，自然无法找出答案。对这个句子询问"所以呢？"回答若是：

全球气候变暖，并不是全球一致共通发生的现象。

至少可以看见一个该找出答案的重点（气候变暖的状况在全区域内是否一致）。只是各地区的气候当然多少会有差异，所以这还不足以成为议题。于是再进一步深入问"所以呢？"回答若是：

全球气候变暖现象，只有北半球部分地区发生。

限制地点，若加上说：

被视为全球气候变暖根据的资料都以北美及欧洲为主，地点有偏向性。

则验证的重点就成为明确的议题。再进一步针对定义模糊的部分"刻意地"继续问"所以呢？"：

主张全球气候变暖者的资料，不只地点偏向于集中在北美及欧洲，数据的获得方法或处理方式也有失公正。

如此一来，该找出答案的重点就成为更明确的议题了。（图1-10）

图1-10 反复问"所以呢？"进而找到议题

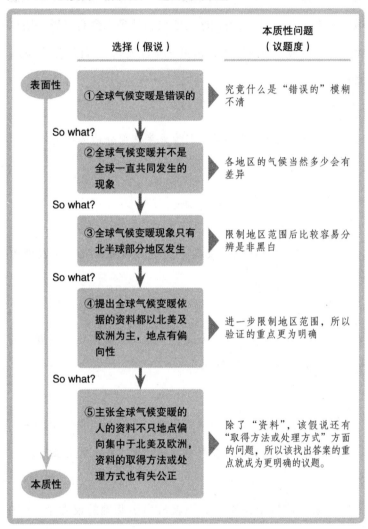

1939 年 1 月 16 日，全球首例原子核分裂实验成功的消息传到恩里科·费米的耳里。以洞察力卓越而闻名的费米就指出"如果进行原子核分裂的话，当下会释放出非常大的多余能量""这时候，多余的数个中子也会释放出来"，其结果是"因为被释放出的中子会去撞击下一个铀，于是会呈现级数倍增，可能会显示出连锁反应"。这正是通过反复问"所以呢？"从而找出议题的完美实例。当时具有前所未有的视角，后来发展成为电力供应的主力——核能发电，甚至出现了原子弹。

不过，反复问"所以呢？"以进一步琢磨假说的工作相当累人，光是提出假说，不知不觉可能就花了很多时间，而且大多情况也都累到头脑已经无法转动的程度。一开始难有进展也是正常的，所以建议大家与其一个人拼命，倒不如以团队的力量一起用头脑风暴的方法进行较好。

方法⑤：思考极端的实例

当要素与变量牵涉在其中时，尝试将几个重要变量先填入极端的数值，就能看出哪个要素的变动会成为关键。

例如，假设在以会员为对象的生意上，面临收益无法提升的问题。一个生意通常具有多个收益来源。在"商品营业额 = 收益 A""会员费 = 收益 B""招揽广告 = 收益 C"等情况下，究竟哪个变量真正对提升收益有效果，并不是那么容易就可以看得出来。这时候想想看将"市场规模""市场占有率"等基本要素填入极端的数值，将会发生什么事。

假设"市场变成十倍，或变成五分之一的话""市场占有率变三倍，或变三分之一的话"，再进行思考。如果能像这样将关键的要素选项缩减至三个左右，那么就可以看清楚"将来哪个要素在本质上真的会有巨大影响力"，从而将之定为议题。

* * *

到目前为止，各位觉得怎么样？虽然这不是全部，但如果善用这些方法，我们都能够借此找到本质性的议题，提出深入的假说。

如果这么做还不顺利的话，请思考是否有其他能够解开议题的情形再重新进行设定；万一这样还是很困难的话，就当作"该议题找不出答案"，再寻找有没有其他的本质性议题，这实际上就是解决方法。

第 2 章

假说思考一
分解议题并组建故事线

主题相同、提出的假说既周全又大胆、实验的解决方式也很巧妙精彩，这与毫无根据地提出假说、解决方式也很普通的情况相比，可以说是天差地别……大多数被称为天才的人，其做事方式在假说的提出方式与解决方式上都表现优异且有独特性，并具有敏锐的直觉及灵感。

——箱守仙一郎

　　箱守仙一郎：分子生物学家，原华盛顿大学教授、美国科学研究院会员。

　　引自《浪漫科学家——世界上发光的日本生物学家群像》（《ロマンチックな科学者——世界に輝く日本生物科学者たち》），井川洋二编，由日本羊土社出版。

2.1 何谓议题分析?

想要快速提高生产力,最为关键的是第一章所讲的"查明真正有意义的问题",即"议题"。可是,只按照目前所描述的内容去做,并不能产生"有价值的工作"。查明议题之后,还必须充分提高"解答质"才行。

能提高解答质、让生产力大幅提升的工作就是要发展"故事线"(story line,亦称为故事情节、剧情),并对这个故事线进行图解、制作"连环图",这两项结合起来就称作"议题分析"(issue analyze)。这是厘清议题结构并筛选出潜藏其中的次要议题,再遵循该结构分析意象的过程,借此让最终想要产生的结果、要传达的信息及由此展开的分析成为关键部分,也就是让整个行动的全貌都变得明确。

故事线与连环图将随着讨论的进展,一再更新。

最初是为了让议题讨论的范围与内容明确化,之后的阶段则发挥了管理进度与查明障碍的功能,最后阶段则用于完成简报或论文,并直接成为整个过程的总结。

图2-1 议题分析的全貌及制作故事线

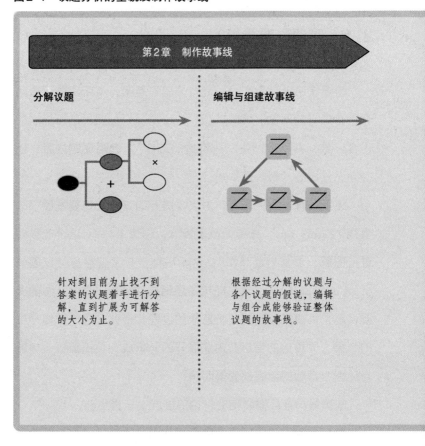

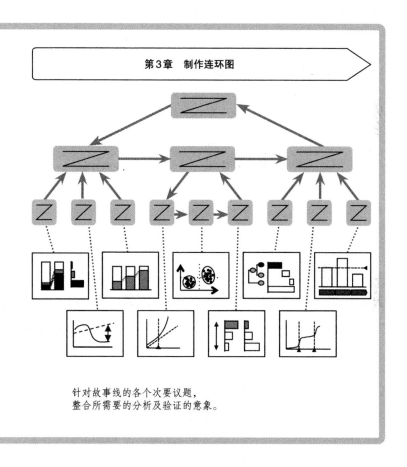

第3章 制作连环图

针对故事线的各个次要议题,
整合所需要的分析及验证的意象。

计划一旦开始，尽可能在前期阶段制作这些故事线的初个版本。如果是三四个月的计划，在第一个星期的最后，最晚也要在第二个星期的最初一两天就制作出名为"第一个星期的答案"的第一条故事线，这样会比较理想。

本章会针对制作故事线及其进行方式的技巧加以介绍，第三章将介绍以图解制作连环图的技巧（见图2-1）。

2.2　在议题的起点组建故事线

议题分析的第一步是制作故事线，首先，我们来看一个具体案例。

我曾经在自己的博客中写过"日本大学的资金来源问题"，讨论的内容是："现在日本国内进行的改革或缩减经费，是否可以从资金来源问题上着手解决？"在一开始，我以假说的形式写下了下列故事线：

1.日本大学即使是重点大学，资金也严重不足。

2.日本重点大学与海外顶尖大学的差异并非来自学费或业务收入的不同（一般认为），而是在于巨额投资、国家补助等收入来源在结构上的差异。

3.无论是在投资还是补助方面，海外顶尖大学都具有与日本大学天差地别的资金规模与组织架构，而那不是可以轻易追得上的。

4.基于上述内容，以现在日本大学所进行的业务改善或"整废合"（整理、废除、合并）的这些方法，在运作上应该很难与世界同列顶尖大学匹敌。

5.如果想要建立与海外顶尖大学相当的经济基础，就应该设定目标以确保大学建立自主资金来源、大幅增加国家补助，并描绘出实现该目标的路线图（Road map）。

尽管实际上在这之后还需要进一步落实为可以验证的详细要素，但相信读者们应该可以大致掌握故事线的感觉了吧。

这时候，我们经常可以看见如下的解决方式：

1.到处搜集相关议题（在这个案例中是大学的资金来源问题）的资料；

2.当搜集到完整的资料后，思考其中含义；

3.将课题排列出来，组建故事线。

像这样进行个别的分析，加入验证结果并判断情况。如果对"资料是否真的已经搜集完整"存在疑虑，进而重新搜集数据——然而这个解决方式与本书介绍的做法完全相反，本书的做法是要快速提高生产力，因此需要从最终的情形倒推思考，也就是说，"可以借由何种理论与分析，来验证这个议题与关于议题的假说是正确的"。

制作故事线中有两项工作：一项是"分解议题"，另一项是"根据经过分解的议题编辑与组建故事线"。我先针对"分解议题"进行说明。

2.3 步骤一：分解议题

有意义的分解

大多数情况下，主要议题是很大型的问题，所以很难立刻找出答案，因此要将原始的主要议题分解到"可找出答案的大小"为止。经过分解的议题称作"次要议题"。通过提出次要议题，可让各部分的假说变得明确，从而使最终想传达的信息变得明确。

当分解议题时，注意一定要分解到"彼此独立、互无遗漏"的程度，而且每个次要议题都要"具有本质意义，且不能再往下分解"。

比方说，如果以"鸡蛋中各种成分对健康的影响"为主要议题，次要议题大概就需要将蛋白与蛋黄等成分分开单独讨论。可是，我们却时常可看见很多人将次要议题全都设定得像白水煮蛋切片一样，全是些大同小异的内容。虽然确实彼此独立、互无遗漏，但这样的次要议题究竟想要比较什么、想要找出什么答案，实在令人摸不着头脑（图2-2）。

也许你会认为："哪有人那么笨？"不过，实际上会看到许多类似的例子。

图2-2　无意义的分解 VS.有意义的分解

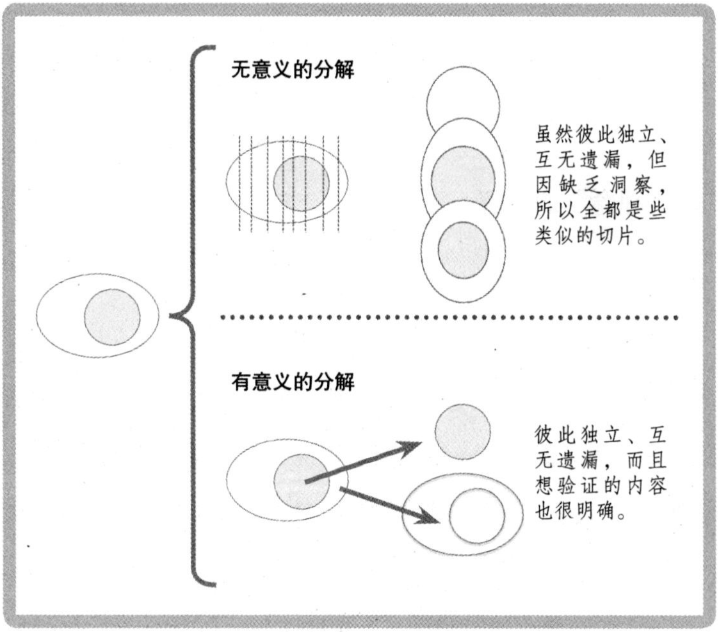

无意义的分解

虽然彼此独立、互无遗漏，但因缺乏洞察，所以全都是些类似的切片。

有意义的分解

彼此独立、互无遗漏，而且想验证的内容也很明确。

虽然"彼此独立、互无遗漏"的概念通常被称为"MECE"，但也有很多人在初学时期始终无法着眼于分解真正应该切割区分的架构。

比方说，讨论"希望挽救某商品的营业额"这一课题，当想要分解"营业额"时，区分的方式包括"市场规模 × 市场占有率"，或是"使用者数 × 顾客人均消费额"，以及"一级城市的营业额 + 二级城市的营业额 + 其他地区营业额"等。虽然每个都是"彼此独立、互无遗漏"，但是依次进行讨论，最终绝对不会得出相同的答案。也就是说，在起点处的"区分方式"一旦错误，分析很可能因此变得非常困难。因此，以具有"本质性"为标准来区分（就像是因子分解一样）是非常重要的重点。

"业务理念"的分解

下面举例来思考关于议题的分解。

在讨论"可作为新业务理念的点子"的企划案时，因为"业务理念"本身是非常大的概念，所以就算是直接提出假说再加以推敲，也只能先提出很模糊的假说。如果问"所谓业务理念是什么"，我想应该会有各种想法，其中应该会包含以下内容：

1.该锁定的市场需求（WHERE）

2.业务的获利模式（WHAT&HOW）

如果将业务理念以这两个要素相乘思考，虽然相互受到制约，但也可以将二者视为各自独立的要素进行处理。

在没有具体假说的阶段，"市场需求"的议题会是"锁定什么样的市场区隔及需求"；而"业务的获利模式"的议题则是"根据什么样的业务组织架构提供价值，并让业务永续经营"。（图2-3）

图2-3 事业理念的架构

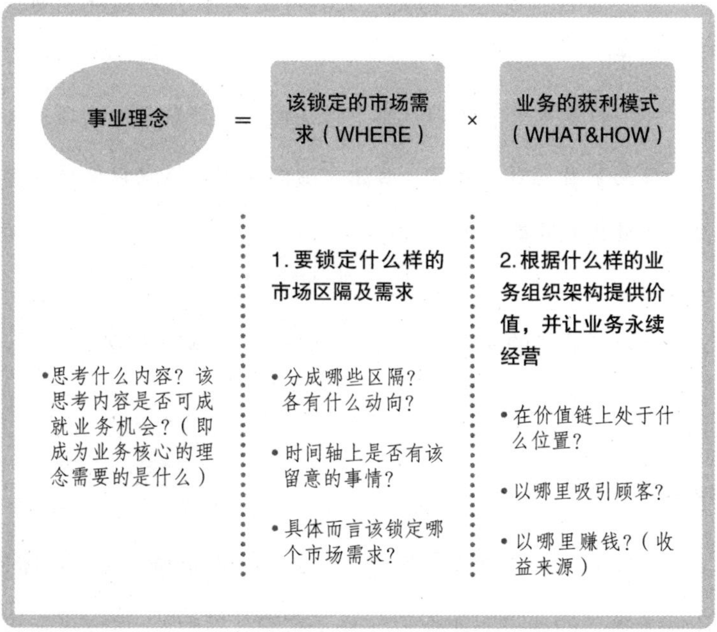

在这个阶段，议题仍然很大，似乎可以继续分解，如同一个数字仍然可以进行因子分解一般。所以，要找出答案还需要更进一步地分解。"市场需求"若落实成下述三个次要议题，会比较容易设立假说，也可以与具体的讨论接轨。

● 分成哪些区隔？各有什么动向？从需求角度观察各个区隔及区块的规模及成长度。

● 时间轴上是否有该留意的事情？有没有发生不连续的变化，其具体内容是什么？是否发生使用者转换趋势，其详情是怎样的？从国内外成功案例中获得了哪些心得？

● 具体而言该锁定哪个市场需求？可获得的选项、来自竞争者观点的评价、自家企业的强项，以及以处理容易度进行观察的评价。

针对"业务的获利模式"，也同样加以分解（图2-3）。

分解议题的"模板"

到目前为止，是否让你觉得分解议题似乎是件大工程呢？还好大部分的典型问题都有分解议题的"模板"，可以用来渡过难关。

刚才介绍的"业务理念的分解"也是一种经典模板，而商业界随手可用的是用于公司拟定策略、称作"WHERE、WHAT、HOW"的模板。内容非常简单：

● WHERE：该锁定什么领域？

● WHAT：该建构什么样的具体的制胜模式？

● HOW：该如何具体实现？

依照上述三个项目分解并整理议题。

另外，这里所说的经营战略的定义是：

● 基于对包含市场在内的业务环境构造的了解

● 让自家企业持续获利的制胜模式明确化

● 整合成为一贯的商业策略

要像这样具有明确的定义，才能以此为基础进行议题分解。即使不能直接找出答案，但多数都可以起到提示的作用。

以我所处的科学界脑神经领域为例，大多数议题可以用以下三个项目进行分解：

- 生理学方面（功能）

- 解剖学方面（形态）

- 分子细胞生物学方面（架构）

如果是讨论"某个疾病的原因"，大概就类似于下述的感觉：

- 神经功能发生这样的异常（功能）

- 带来如此的神经系统变化（形态）

- 导致这个基因发生变化的导火线（架构）

大部分的研究主题都有像这样用于分解的"模板"，不过，最强的还是制作"加入自身观点的模板"。希望各位每次处理新主题的时候，都先搜集过去的相似实例进行观察，以具有共通性的项目为基础，再加上自己关注的观点，制作成"自己专属的模板"。

缺乏模板时就"倒推"

当课题比较新时，有时几乎没有可用于分解议题的模板。在商业领域，虽然专业的顾问公司就是为了解决这样的课题而存在的，可是也不能凡事都拜托这些专业工作者。而且在科学的研究领域，并没有相当于顾问公司的机构存在吧？不过，在这种时候还是有办法的。

比方说，试着设想目前面临的状况是必须开发现在几乎不存在的"电子商品券"这项商品。

在这里，电子商品券的定义是"价值存在于网络中，限制可使用的地方，而且可赠送他人"，这和"电子钱包"是截然不同的概念。因为是还没实际存在的商品，所以构成商品的要素，也就是架构本身并不清楚。

在这样的情况下，如同第一章曾提到的，试着从"最终想要的"开始思考。

在这个以商品开发为课题的案例中，"最终想要的"应该是"成为核心的商品理念"，也就是下述情况：

何时？由谁？在什么情况下使用？为什么这会比既有的付费方式更有利？

如果这些内容不弄清楚，什么都无法开始。

仅次于理念的是：

会产生哪些费用与成本？该如何分工负责？如何能符

合预算？

这些就是所谓的"经济效益"，若是信用卡，会在由发卡公司、增加利用店铺及负责维修的公司、进行电子信息处理的公司这三家公司分工并负担费用的基础上运作整体业务。开发电子商品券时，也需要查明由谁负责发行价值的职能。要先将职能筛选出来，再决定各项职能分别由哪个公司负责。而且，光是具备这些，并不足以成为一门生意。

基于这个架构可以建构什么样的系统，并可以做什么样的运用？

这些关于"IT系统"的讨论也是不可或缺的项目。

如果就上述三项可以"构成"基本的商品，但光是这样还是不足以成为一门生意。构成要素还需要加上如以下几种广泛的营销课题：

这项电子商品券要取什么名字？（命名）与既有品牌间属于什么关系？（建立品牌）广告标语和基础设计如何处理？（建构识别系统）整体而言将如何进行促销？

可是这样还缺少很重要的部分，比方说：

1.确定使用店铺与发行单位关于扩大营销的目标，并推行"策略合作"。

2.增加"店铺支持业务"，为店家提供操作训练与总公司的维修、支持服务。

这两项也是必备的。像这样试着设想模拟状况，就会知道在这个电子商品券的案例中，至少有六个讨论事项的大方向，各自都包含需要找出答案的议题。

像这样从"最终想要的是什么？"来倒着推想，针对其中为必要性的要素多次设想模拟状况，正是分解到"彼此独立、互无遗漏"程度的基本功。

分解议题的功用

分解议题及整理课题的扩展具有以下两种功效：

1.容易看出课题的全貌。

2.容易看出在次要议题中处理优先级别较高的次要议题。

　　我们再来看一次刚才的电子商品券案例。课题的全貌是分解议题的结果，这样才可以逐渐看出该讨论的事项的发展。必须非常明确"应讨论到何种程度"，也可以了解除这六项之外的事项，并不需要那么费尽心力。并且从中可以得知处理先后顺序，一开始该整理的课题就是制作"成为核心的理念"，其次是"经济上的架构"，其他的课题在完成这些之后再处理就可以了。这么一来，就可以大概知道该如何设计讨论的范围，或者人员的分工该如何配置（图2-4）。

　　也就是说，当有"异物"混在讨论中时，就用讨论的"围栏"将它隔开，从而使最有意义的议题更为明确。

图2-4　次要议题的相关性：以电子商品券为例

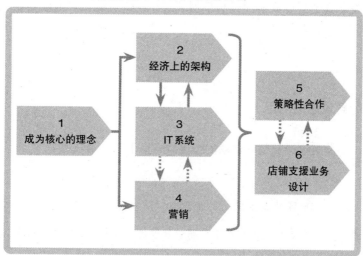

分解后各自设立假说

第一章曾说过"提出假说"的重要性，但需要特别注意的是，假说要排在议题分解之后的阶段。对于分解议题后产生的次要议题，也应明确立场设立假说。如果已经选好了"成为假说基础的想法"当然是再好不过，但就算没有，也要强迫自己采取立场。因为信息越清楚，需要分析的意象就会越明确，因此必须排除模糊地带。另外，与查明整体的议题时一样，绝对不能说出像"不打开盖子看一看，就无法知道盒子里究竟有什么"这样的话。

对此在第一章我已经详细说明过，所以在这里只是加以补充。在讨论经营战略时，我们常会看到"往后的市场会如何"等类似的常见次要议题。关于这一点也是一样，如果无法提出假说，就不会知道"究竟是以什么样的观点，才能看出次要议题是真正的问题"。

- 将技术革新的影响视为问题
- 认为新加入者影响竞争环境
- 将规模上的展望设想成与一般看法不同

在这些案例中，应该各自会需要完全不同的分析与讨论吧？

MECE与架构

目前为止，我一直在针对"分解议题的模板"进行说明，但在此我想先说明一下在讨论问题的各个情况时扮演重要角色的两个概念——"MECE"与"架构"。

在"搜集用于查明议题的信息"时或"分解议题"时发挥作用的"彼此独立、互无遗漏"原则就称为MECE（图2-5）。这个词原本应该是我曾任职的麦肯锡咨询公司的内部用语，不过，许多"校友"在他们出版的书籍中提到了这些专有名词，因此目前很多人应该都已经知道了。根据这个想法构建用途广泛的"思维框架"，就称为建立架构。建立架构不但有助于在查明议题时网罗式地搜集信息，而且在分解议题时，可当作用途广泛的"模板"使用。

在讨论商品开发等以"公司"为主体的议题时，从"3C策略"［顾客（customer）、竞争者（competitor）、企业（company）］开始建立架构，通常都会很顺利。以下举例说明：

● 顾客：新的市场区域中的可见需求范围太广，现在的主力商品无法满足顾客，所以潜藏着很大的不满。

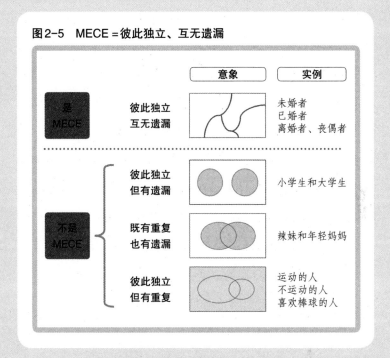

图2-5 MECE=彼此独立、互无遗漏

以上述形式分解议题，并组建故事线。

- 竞争者：这种需求涵盖的范围，从竞争者所致力经营的领域来看，近期内大概不会有实质上的竞争。

- 企业：这个领域与自家公司业务的加乘作用大，且在商品的制造上可发挥强项。

以上述形式分解议题，并组建故事线。

当然，也有找不到合适架构的情况。这时候，就需要将支持主要议题的次要议题从各个片段中筛选出来，并统一整理成大致相同的程度，这样用起来就和建立架构是一样的。

在筛选次要议题时，要从"知道××就可以进行这项决策"的角度出发。另外，如同制造产品时会按照顺序产生"设计、调度、制造、出货前测试"等程序一样，依循时间顺序筛选要素也是一种方式。但无论选用哪一种方式，都要使用"彼此独立、互无遗漏"（MECE）的思维方式，尤其是在分解议题、建立逻辑的阶段，"互无遗漏"的思维更加重要。

无论在科学界还是商业界，都有很多已经确立的架构，但可以用于制作故事线的架构却没有那么多，因此我们要根据需求来加以模仿并区分使用。而且就算使用广为人知的现有架构，不一定就会对自己所处理的主题有所帮助。

最可怕的是太过拘泥于建立架构、将眼前的议题勉强塞进现有的架构里，而忽略了实际的重点，或者因此而无法产生自己的洞察力或观点。我在本书开头也提过，一旦变成"如果你手上只有槌子，那任何事物看起来都像钉子"的状况，可就本末倒置了，与其变成这样的状况，倒不如不要知道现有架构比较好。希望读者们要时刻谨记一个观念，无论是由出身于麦肯锡顾问公司的大前研一提出的"3C策略"，还是稍早介绍的麦可·波特（Michael Porter）所提倡的"五力"，无论是多么有名的现有架构都不是万能的，不可能适用于所有情形。（图2-6）

图2-6 具有代表性的架构：以讨论各业务现状为例

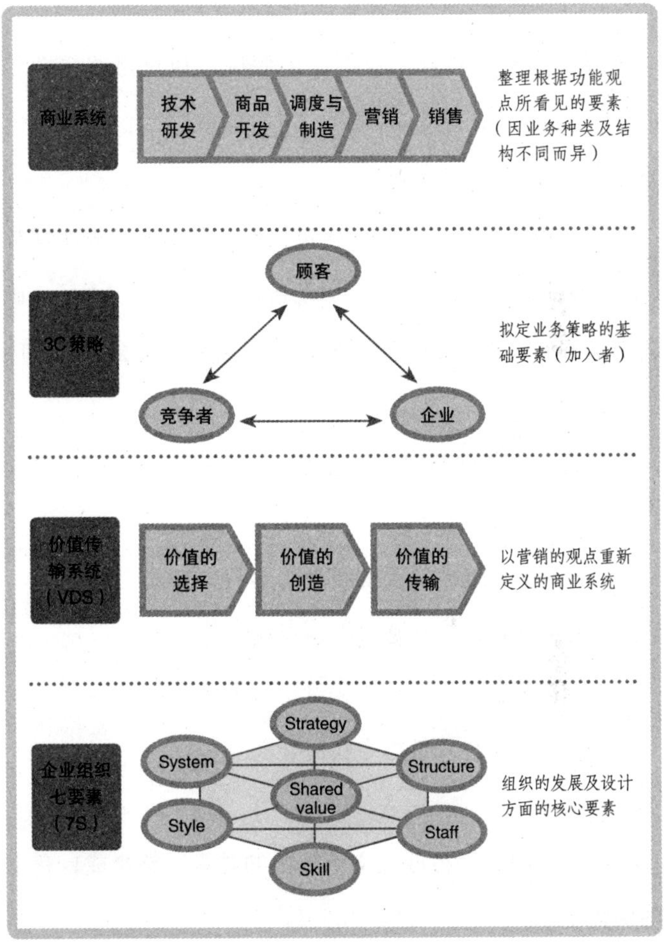

| 商业系统 | 技术研发 → 商品开发 → 调度与制造 → 营销 → 销售 | 整理根据功能观点所看见的要素（因业务种类及结构不同而异） |

| 3C策略 | 顾客／竞争者／企业三角关系图 | 拟定业务策略的基础要素（加入者） |

| 价值传输系统（VDS） | 价值的选择 → 价值的创造 → 价值的传输 | 以营销的观点重新定义的商业系统 |

| 企业组织七要素（7S） | Strategy / System / Structure / Shared value / Style / Staff / Skill | 组织的发展及设计方面的核心要素 |

2.4 步骤二：编辑与组建故事线

分解议题并针对各个议题找出假说，自己最终想要传达的内容自然而然变得非常明确。到达这里之后，就只差最后一步了。

议题分析的下一个步骤，就是根据分解后的议题组建故事线。为了根据分解后的议题结构及各个议题的假说立场，确实传达出最终想要说明的内容，必须思考应按照什么样的顺序排列次要议题。

典型的故事主轴类似以下几点：

1. 共有问题意识及前提所必备的知识

2. 关键议题、次要议题的明确化

3. 针对各个次要议题的讨论结果

4. 整理上述项目综合性的含义

将这一连串的简报或论文所需要的要素，整合成具有主轴的条例式文章。

需要故事线的原因有二。

第一个原因，只凭借分解后的议题或次要议题所提出的假说，不足以构成论文或简报。比方说，在说明分解议题时介绍的"业务理念"案例中，只陈述业务应锁定的市场需求和处理该需求的业务模式等结论，很明显这无法成为足以说服对方的故事线。

第二个原因，因为大多数时候随着故事线主轴的不同，之后所需要的分析的表达方式也会不同。

如果希望别人了解，就一定需要故事线。在研究领域这就是报告、论文的主轴，在商业界就是简报的主轴。在分析和验证都还没完成时，就要以"假设提出的假说都是正确的"为前提制作故事线。先思考究竟以什么样的顺序与主轴，可以让人认同自己所说的内容，甚至被感动、产生同感，并根据分解后的议题确实地组建这样的故事线。

业务理念的故事线

接下来，具体思考一下故事线的编辑与组建。以图 2-7 为例，应该需要如下的故事线：

①问题的结构

● 该解决的问题是"该锁定的市场需求"与"业务的获利模式"这二者相乘。

● 现在二者都还很模糊，需要分别重新检视。

图2-7　议题的分解与故事线的组排：以业务理念为例

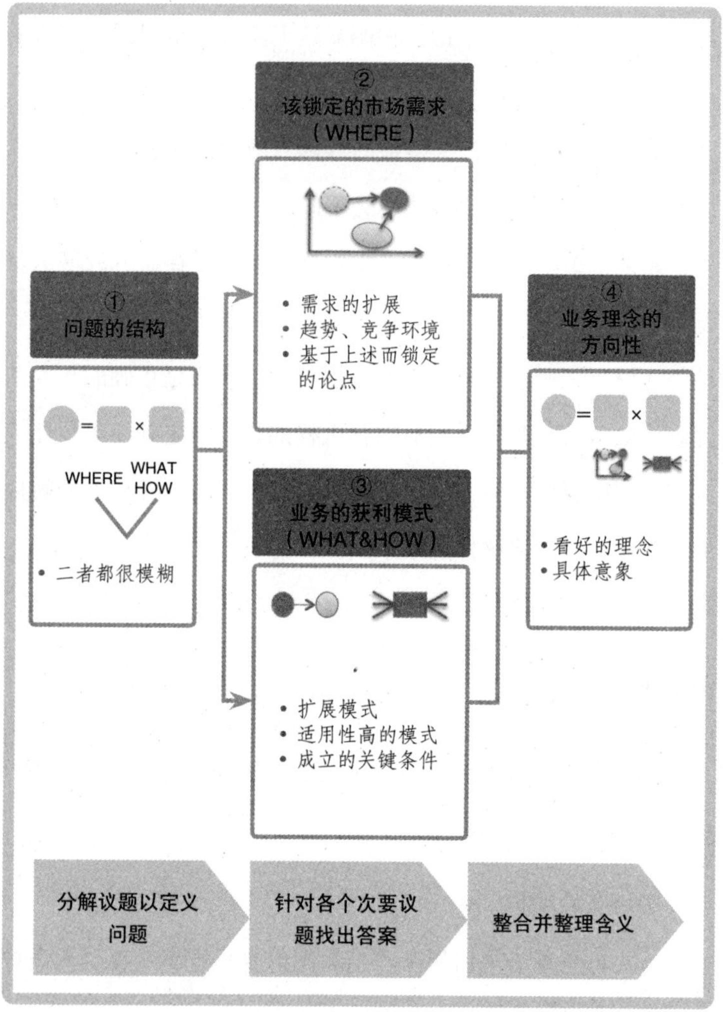

②
该锁定的市场需求
（WHERE）

- 需求的扩展
- 趋势、竞争环境
- 基于上述而锁定
  的论点

①
问题的结构

WHERE　WHAT
　　　　HOW

- 二者都很模糊

④
业务理念的
方向性

- 看好的理念
- 具体意象

③
业务的获利模式
（WHAT&HOW）

- 扩展模式
- 适用性高的模式
- 成立的关键条件

▶ 分解议题以定义
问题

▶ 针对各个次要议
题找出答案

▶ 整合并整理含义

②**该锁定的市场需求（WHERE）**

- 需求的扩展。

- 时代的趋势及非连续变化的发生（趋势、竞争环境）。

- 发挥自家企业强项的区块（基于上述而锁定的论点）。

③**业务的获利模式（WHAT&HOW）**

- 在这个领域取得的业务的获利模式有五个（扩展模式）。

- 从提升收益的容易度及发挥自己强项的容易度来看，该选模式A还是B（适用性高的模式）。

- 模式A、B成立的关键条件分别是……

④**业务理念的方向性**

- 该锁定的市场需求与该锁定的业务的获利模式相乘之后，所看好的业务的获利模式有下述四个（看好的理念）。

- 各个理念的具体意象为……

制作类似脚本分镜图、漫画分格图

制作故事线与制作电影、动画的脚本分镜图，或是漫画分格图（整合大纲与粗略的意象）的流程近似。剧作家与漫画家都在创作新作品的过程中历经千辛万苦，而以提高生产力为目标的我们，也在这个阶段绞尽脑汁。记录迪士尼

（Disney）与皮克斯动画工作室（Pixar Animation Studios）的动画《超人总动员》（*The Incredibles*）制作团队的花絮影片中，有些话令人印象深刻。

脚本没写完，就无法继续前进。

我曾经想到过有趣的画面，可是，只有画面有趣也没什么用，前后情节的连贯与配合才重要。

对作品而言（就算是卡通），最重要的还是故事。先要掌握到细微动作，并将故事划分为各阶段；然后，才是着手制作影像。

——马克·安德鲁斯[1]（Mark Andrews）

写脚本真的很辛苦，一开始什么都没有，不过只要一旦有了故事，接下来的步骤就会自行展开。

要强调画面中的主要事件，其他的则省略。这不是只要照实写就好那么简单的事。

——布拉德·柏德[2]（Brad Bird）

各位觉得如何？感觉很像，不是吗？

---

[1] 编者注：马克·安德鲁斯为《超人总动员》故事总监，也是皮克斯动画师。
[2] 编者注：布拉德·柏德为迪士尼动画编剧与导演，作品包括《超人总动员》、《料理鼠王》（*Ratatouille*）等。

故事线的功能

只要提到应尽可能提早制作故事线，就会有人说："要定案了吗？如果没有想到什么好主意的话，就完蛋了，对吧？"

这真是个天大的误会！在讨论的过程中，每当找到次要议题的答案或是有新的发现时，故事线就要跟着改写，并一直推敲琢磨下去。全程陪伴讨论问题的"好伙伴"就是故事线。接下来，再次整理故事线在各个阶段中所扮演的角色。

① 起步阶段

在这个阶段，故事线用于搜集"究竟为了验证什么而该怎么做"这些目的意识。只有故事线才能使讨论的范围变得明确。如果在起步阶段就能确定故事线，将会让团队的态度不再有分歧摇摆，也比较容易分配工作。

② 分析和讨论阶段

实际上进入分析的阶段后，故事线的重要性日益增加。通过审视故事线，可以让验证议题的假说的进度变得明确。在每次产生分析结果或新的事实时，故事线就会增添细节或进行更新。在团队开会时，故事线也是可以使用的工具。

③ 整合阶段

在这个阶段，故事线已经成为处理最后简报数据及论文的最大推进器。而且，故事线在职场的简报中即为总结，在论文中就是开宗明义的摘要。在这个阶段，语言的清晰度与逻辑的流畅度具有至关重要的作用，要琢磨这些要素，故事线是不可或缺的关键。

各位读者是否可以理解，想要"定案"，其实有很多细微的过程。

故事线是活的，分析与搜集资料都只不过是追随故事线的"随从"。在这里不能用明确的语言表达出来的想法，最终也将无法传达给别人。如果你只能浮现一些模糊的点子，我建议你每天进行"列出议题与假说"的练习，以明确的主语与动词，将自己真正想要说的内容一条一条写清楚。这个整理工作将联结上故事线，最后成为自己与团队活动的方向标。

故事线的两个模板

恐怕很多人当听到"以这个为基础进一步构思故事线"时，脑中会浮现："啊？什么？"不过，如同分解议题一般，这里也有许多经过淬炼的"模板"可用，所以大可放心。虽说一定要在现场累积经验才能学会如何解决问题，但是没有比先知道个中技巧与重点更好的事情了，这和练习学骑自行车是一样的道理。

在用逻辑制作故事线时，有两个模板可以用。一个是"并列'为什么？'"，另一个则称作"空、雨、伞"（确认课题、深掘课题、做出结论）。使用其中一个模板作为故事架构，可以比较容易地完成故事线。

① 并列"为什么？"

并列"为什么？"是很简单的方法，也就是针对最终想传达的信息，将理由或具体的实施方法以"并列"的形式列出，以此支持该信息。也有些情况是并排列出各项方法。

例如，最终想传达的内容是"该投资案件 A"时，至少需要以下三个观点，并排列出各自的"为什么"。

● "为什么案件 A 有吸引力呢？"

市场或技术角度的展望与成长性、预期的投资回收时间点、从市场行情推测的购买率、是否存在非连续经营风险及其程度等。

● "为什么该着手处理案件 A？"

相关业务中该案件所带来的价值、技巧、资产及其规模，其他竞争优势，存在进入障碍的可能性等。

● "为什么可以着手处理案件 A？"

投资规模、投资后操作的实际问题等。

如果使用"第一、第二、第三"这种类型的说明可能更为浅显易懂。在这里仍然要防止决策者或评价者发出"那个论点现在究竟怎么样了？"这样的攻击，因此一定要以"彼此独立、互无遗漏"的原则选择重要的要素。

② 空、雨、伞（确认课题、深掘课题、做出结论）

另一个制作故事线的基本形式是"空、雨、伞"模板。我想对大多数的人而言，这个方式应该比较容易习惯。

● "空"：××是问题。（确认课题）

● "雨"：要解决这个问题，必须查明这里才行。（深掘课题）

● "伞"：如果是这样的话，就这么办吧。（做出结论）

这个方法就是像这样组建故事线，以支持最终想要传达的事情（通常结论就是"伞"）。我们在一般的日常对话当中使用的几乎都是这个逻辑。顺便一提，刚才讨论的"业务理念"的案例也属于这个方法。

今天要出门的时候想到"是不是该带伞出门"，这是我们日常生活中时常会面对的议题。当要找出答案的时候，我们通常会按下述流程判断：

- 空："西边的天空好晴朗啊！"
- 雨："以现在天空的情况来看，短时间内应该不会下雨吧？"
- 伞："这样的话，今天就不用带伞出门了！"

这就是整合的过程。根据"空、雨、伞"进行讨论时，胜负大多取决于在"雨"的阶段深掘课题的程度。

无论是"并列'为什么？'"还是"空、雨、伞"，最终想传达的内容在结构上都是由数个次要信息支持，因此用图像展现出来就是图2-8中的金字塔结构（Pyramid Structure）。

"金字塔结构"就是活用"并列'为什么？'"与"空、雨、伞"这类逻辑结构，在短时间内向客户传达结论及支持结论的重点信息。反过来说，这个结构的功能仅此而已，如果已经实现像这样的结构化传达，也就不用太在意什么结构的名称了。

图2-8　金字塔结构

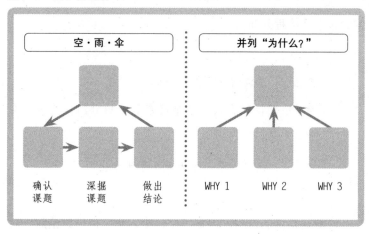

第 3 章

假说思考二
图解故事线

实验有两种结果。倘若结果验证了假说，就表示你测到了什么；倘若结果推翻了假说，就表示你发现了什么。

——恩里科·费米

恩里科·费米：物理学家，1938年诺贝尔物理学奖得主。

引自《核工原理》（*Nuclear Principles in Engineering*），塔加那·杰摩维克（Tacjana Jevremovic）著。

3.1　什么是连环图?

找到议题并验证完该议题的故事线后,接下来,就要进行图解、设计分析意象(各个曲线图或图表传达的信息)。在这里绝不能说"没有分析结果就没办法"。一般来说,在思考"最终该传达的信息(即经过证明的议题假说)"时,要思考什么样的分析会让自己赞同并能说服对方,再遵循故事线提前设计出从上述思考中设想到的内容。

我将这个设计分析意象的步骤称为制作"连环图"。分解议题、组建故事线都只是停留在文字阶段而已。在此,通过将具体的数据意象制作成视觉图像表现出来,我们立刻就可以看到最终输出(成果)的蓝图。这个步骤属于议题分析的后半段,接下来本章将介绍这一步骤的几个要点。

制作连环图与制作模型、建筑的设计图非常类似。一般人会认为,既然如此,直接从设计图纸开始着手不是很好吗?然而这是很危险的事情,因为如此一来,盖出的建筑物很可能会缺少"逻辑"这根主梁大柱。事实上,我们随处可见"没有深

图3-1　议题分析的全貌与制作连环图

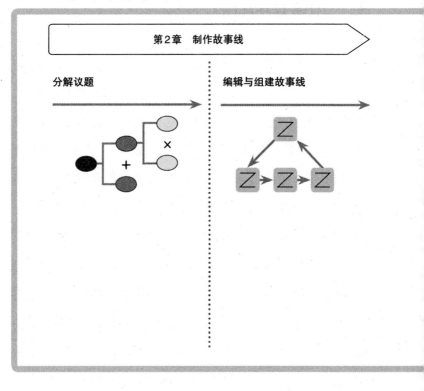

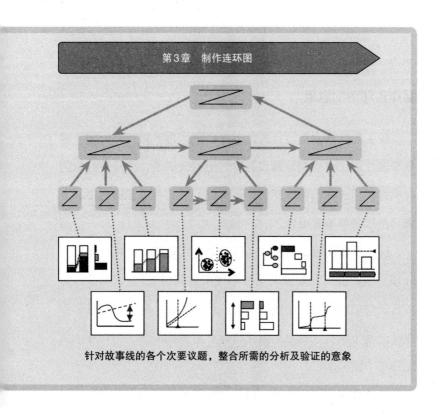

针对故事线的各个次要议题，整合所需的分析及验证的意象

入了解市场，就自以为是、关起门来拟定业务计划（甚至还进展到运行时间的部分）"的例子，这正是"缺少主梁大柱的建筑物"。如此一来，很可能在盖好的瞬间就倒塌了。为了不演变到这么可怕的地步，还是需要以第二章所介绍的查明议题与分解议题为基础，制作故事线（图3-1）。

制作连环图的意象

接下来，我会针对什么是"连环图"再多做一点说明。通常来说，遵循着根据分解议题排列出的故事线，由需要分析的意象排列而成的图像，就称为连环图。只要有需要就直接画下来，图片张数不受限制。

这个步骤用固定的格式实行起来会比较方便。将纸张纵向分割，以此整理次要议题（故事线中的假说）、分析意象、分析方法与信息来源。由团队进行这项工作时，还可以更进一步在旁边写上负责人姓名与截止日期，填完的时候，连环图也就此完成（图3-2）。

等到累积了一些经验、已经清楚熟悉的主题应获得的数据信息来源或调查方式的时候，可以简单地将纸区分成几个方格，只制作分析意象图就好（图3-3）。这时，对于什么样的议题该对应什么样的分析意象，也要先确认清楚。

图 3-2　连环图的意象

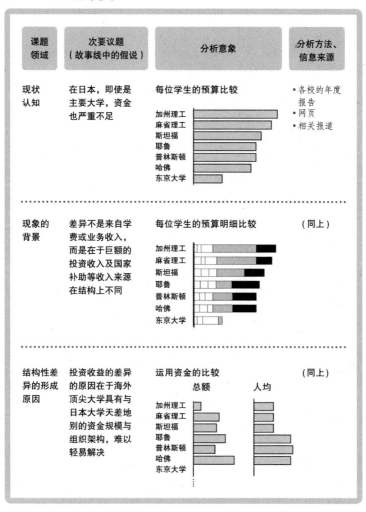

图3-3 制作分析意象图：以活用九宫格为例

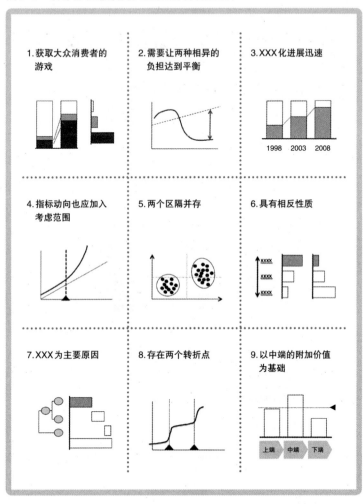

制作连环图时需要提前做好的心理准备就是"要大胆干脆地描绘"。

建议各位先不要思考"更可能获得哪种数据",而是以"想要获得什么样的分析结果"为起点制作分析意象图。这时候,还需特别注意要以"从议题开始"的思路来设计分析。先想着"这部分应该可以获得数据"而勉强进行数据设计分析,其实是本末倒置的做法,一旦犯下这个错误,至此为止所进行的查明议题、制作故事线等努力就都白费了。必须以"验证故事线的各个假说(即次要议题),必须获得什么样的数据"的观点大胆地进行设计。当然,就像前面说到的,如果在现实中无法获得数据的话也没有意义,所以思考时需要顾及运用哪些方法可以获得该数据,这也是绘制连环图的意义之一。可能有些情况无法用既有的办法解决问题,但我们还是需要大胆地采取一些特殊手段。像这样从议题的观点出发,加强搜集数据的方式或分析方法,有助于自我提升(加强能力),这是一种好现象,也算是一种证据,代表你是以正确的方式并基于议题来制作连环图。

接下来介绍在制作连环图的步骤 —— 找出"轴"、意象具体化、清楚指出获得数据的方法 —— 时,分别需要注意的事项。

3.2 步骤一：找出"轴"

分析的本质

制作连环图的第一步就是制作分析的架构，也就是找出"轴"。这里所说的"轴"是指分析中纵向与横向的扩展。不是单纯"针对××进行调查"，而是具体设计"以什么为轴？用什么方式？比较什么数值？"

我至今已经对很多人进行了有关分析的训练，每次我都会问相同的问题："所谓分析，究竟是什么呢？"

得到的答案，大部分情况不外乎以下两种：

- 分类
- 用数字表示

最近可能拜经营战略类书籍充斥市场所赐，也有如下的答案：

- 针对策略性课题加以讨论

虽然这些都各有各自的意义，不过就"分析的本质"这个观点来思考，这些答案都不算正中红心。

虽然"所谓分析就是分类"是常见的答案，可是其实还有很多"不分类的分析"。例如想要验证"东京比地方二级城市的平均收入高"这一现象，以我的出生地富山县为例，只要直接比较东京都与富山县各自每人或每个家庭的平均收入就够了。如果害怕有"东京和地方二级城市的年龄层不同"的争议，那就比较相同年龄层的平均收入，完全没有"分类"的必要。

那么，"所谓分析就是用数字表示"的说法又如何呢？乍看之下，好像很正确，但事实上也有"不用数字表示的分析"。例如将被视为欧洲猿人的尼安德特人①（Neanderthal）的头骨，与现代人的祖先克罗马农人②（Crô-Magnon）的头骨叠合对比发现，在眉毛上方的骨头隆起方式及额头的倾斜程度等处可以看出各种差异，这些都是在教科书或论文中时常可见的分析。或在调查某种药品对神经形态造成的影响时，也有一种做法是依药剂的有无或浓度不同拍照加以比较。虽然完全没用到数字，却仍是完整的分析。

至于"所谓分析就是针对策略性课题加以讨论"也是一样，只要看看那些不以策略性课题为主题的领域——比如科

---

① 编者注：1856年，在德国的尼安德特河流域出土的旧石器时代人类。
② 编者注：1868年，在法国的克罗马农岩棚发现的旧石器时代晚期人类。

学研究，也是每天都在进行分析——就不难知道这是个未触及本质的答案。

"所谓分析究竟是什么？"

我的答案是"所谓分析就是进行比较"。分析有一个共通点，那就是公平地互相比较，找出其中的差异。

比方说，听到"巨人马场①很高大"的说法，试着去问周围的人："你认为这是分析吗？"结果大部分的人都会回答"我不认为这是分析"。但是，若让大家看看图3-4，将巨人马场的身高与日本及其他国家的成年男性的平均身高进行比较，这次大部分人都承认"这是分析"。

其中的差异只在于有没有"比较"——"比较"让文字或语言具有可信度、让逻辑成立，并能找出议题的答案。卓越的分析是纵轴、横轴的扩展，"比较"的轴必须很明确，各轴都将直接与找出议题的答案产生联结。

换句话说，在分析中，找到适切的"比较轴"将成为关键。要思考用什么轴比较"什么和什么"能够找出议题的答案，这正是制作连环图的第一步。"要做定性分析还是定量分析呢？该以什么样的轴比较什么和什么呢？以什么方式进行条件的区分呢？"思考这些项目才是分析设计的本质。

---

① Giant BaBa，本名马场正平（Shohei BaBa），日本职业摔跤选手，身高209厘米。1938年1月23日生于日本新潟县，1999年1月31日因癌症去世。

图3-4　分析的本质：巨人马场的例子

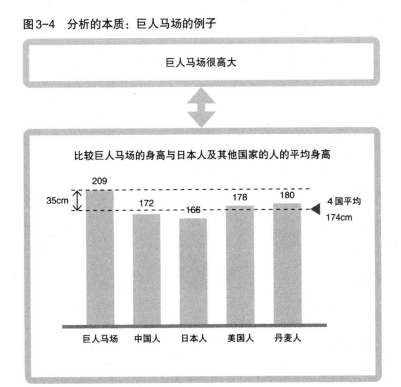

定量分析的三个模板

定性分析的设计，主要是将信息赋予意义并进行整理、分类。不过，占分析总数一半以上的定量分析中，所谓的比较只有三种。虽然说法有很多种，但存在于其背后的分析思维就只有三种。只要先掌握这一点，分析的设计就会瞬间变得轻而易举。那么，各位读者知道这三种模板究竟是什么吗？答案如下：

1. 比 较

2. 构 成

3. 变 化

图 3-5　定量分析的三种模板

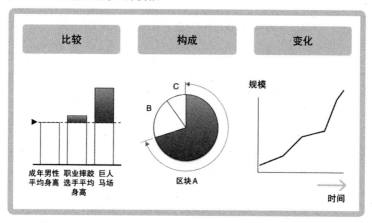

无论用多么新颖的分析词汇来表达，实际上都只不过是将这三种模板加以变化或组合而已（参考图 3-5）。

接下来，我将进一步介绍各项内容。

比　较

"分析的本质就是比较"，比较是最一般的分析方式。以相同的数量、长度、重量、强度等某个共通轴比较两个以上的数值。虽然简单，但是只要轴选得好，就会成为清楚且强而有力的分析。若能以富有洞察力的条件进行比较，就会达成让对方认同的结果。深入思考该条件，正是比较（纵轴与横轴）的做法。

构　成

构成是将整体与部分作比较。像是市场占有率、成本比率、体脂率等，很多概念是通过将部分相对于整体进行比较，才具有意义，例如"这个饮料的甜度是8%"。思考"以什么为整体作思考？从中抽取出什么进行讨论？"的含义，就是在整理构成的"轴"。

变　化

变化是在时间轴上比较相同的事物。比方说，营业额的变动、体重的改变、日元对美元的汇率波动等，这些全都是根据变化进行分析的例子。针对某个现象进行事前与事后的分析，都算是运用变化的分析。也许有人认为"时间是模糊的东西，所以无法作为'轴'来进行讨论"，不过，如果要比较"日出之前"与"日出之后"，只要将日出的时间点设定为"零"，并累积所记录的数据，也是一种办法。即使结果是变化的，整理"想要比较什么与什么"的"轴"，仍是极为重要的关键。

表达分析的多样化

虽说定量分析只有"比较""构成""变化"这三个模板，但其表达方式却非常多样。三种模板分别有多种表达方式，再与三种模板相乘，合计的表达方式之多可想而知。图3-6是三种模板表达比较、构成、变化的分析案例，由此就能理解只用"比较"就有很多种表达方式。虽然也有很多人会认为有图表才是分析方式，但其实这种想法并不正确。

基本上，看起来很复杂的分析也都是由这三种模板组合而成，如图3-7将三种类型分别以轴交叉，由此可知三种组合可以有如此多样化的表达方式。

由原因与结果思考"轴"

基本上，分析是将"原因端"与"结果端"以相乘的方式表达出来。比较的条件是"原因端"，而评估该条件的值就成为"结果端"。所谓思考"轴"，就是思考在"原因端"比较什么，在"结果端"比较什么。

比方说，想要验证"吃拉面的次数，会影响肥胖度"这个题目时，原因端的轴是"吃不吃拉面？""如果吃拉面，多久吃一次？"这些内容，结果端的轴就是"体脂率"

图3-6 表达比较、构成、变化的定量分析图

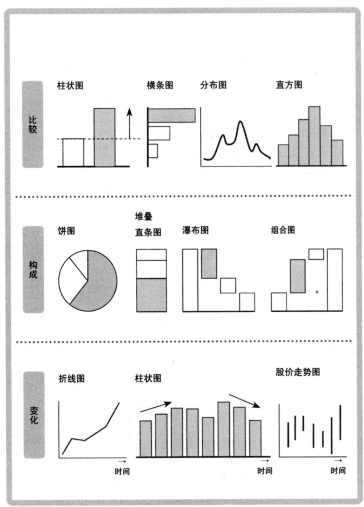

图3-7　表达比较、构成、变化的定量分析图

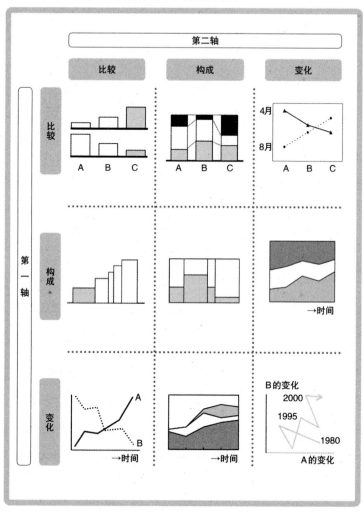

图3-8 找出原因轴与结果轴：拉面与肥胖度的相关图

"原因端"的轴	×	"结果端"的轴
（绝对值） •吃不吃 •吃的频率（例：次/月） •一次所吃的量（例：量/次） •经过量的修正后计算的食用频率		（绝对值） •体脂率（体重百分比） •BMI
（变化） •过去六个月内频率的变化 （例：增加、不变、减少） •过去六个月内频率的变化量 （例：次/月）		（变化） •体重的增减（例：公斤/6个月） •体脂率的增减（百分比） •BMI的变化

"BMI"[①]等。（详见图3-8）

接着，假设想要验证"发自内心深处笑出来的人比皮笑肉不笑的人健康"这个议题。原因端的轴是"笑的质量与频率"，结果端的轴是"健康度"。光说"笑的质量与频率"就有很多种轴的取法，比如，可以有下述的几个轴：

● 每天有没有笑出来：有 / 没有；若有，频率如何？

（比较）

———————

① Body Mass Index，体重指数，又称体质量指数，即体重（千克）除以身高米数的平方所得出的数值。

● 每天有几次发自内心深处笑出来：有／没有；若有，频率如何？（比较）

● 笑的次数当中有多少次是发自内心深处？（构成）

● 跟以前相比，笑的频率是增加／减少？若减少，是从何时开始减少的？（比较的变化）

● 最近发自内心深处笑出来的比例是增加／减少？（构成的变化）

结果端的"健康度"的轴则包括：

● BMI（比较）

● 特定健康检查的结果。（比较）

● 自认为"自己很健康而感觉幸福"的程度。（比较）

● 身体上有感觉到痛苦或不舒服的日子的比例。（构成）

● 入睡及起床状况良好的日子的比例。（构成）

● 最近三个月内这些健康状况指标的动向等。（比较的变化、构成的变化）

找到"轴"并且找到比较、构成和变化三者的关系之后，制作出来的结果就是实际的分析。如果说"分析的设计"听起来好像很困难，但其本质其实是很简单的。建议边画连环图边思考"原因端"与"结果端"之间应该如何比较、怎样才会得出最好的结果，这就是找出"轴"的本质。只要找对轴，产生真正有意义的结果时，会令人非常高兴。那是享受"现在，这个结果恐怕全世界只有我知道"那种喜悦的瞬间。

找出分析的"轴"的方法

接下来再多思考如何找出分析的"轴"。话虽如此，其实也不用那么严肃地思考，只要将比较时的条件写在便利贴之类的纸上，将相关部分归纳在一起即可，就是这么简单且可以立刻完成的方法。也可以利用展开表（spread sheet）或大纲编辑功能（outline）进行整理。

让我们试着思考一下分析"喝运动饮料的情境"时，如何整理"轴"。先将脑中浮现出的各种情境都先零零散散地写出来（图3-9）。

将类似的项目放在一起，同时找出轴。根据情况的不同，也可能会出现两个条件相叠的案例。即使只能大致分为两个条件，也可以有下述四种情况：

- 只有A的案例
- 是A也是B的案例

- 只有B的案例

- 不是A也不是B的案例

先观察是否存在"是A也是B的案例"的可能性,如果没有,就将该条件删除,根据三个条件进行比较。只要先做好这个步骤,思考中"松散"的部分就会消失,分析也会迅速变得清楚明确。

图3-9 找出"轴":以喝运动饮料为例

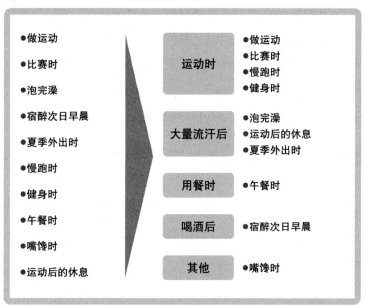

3.3 步骤二：意象具体化

填入数值建立意象

当"轴"整理完毕后，接着就要放入具体的数值，制作分析与反思结果的意象。进行定量分析的话，结果的表达方式大致会采用图表方式，所以要在图表中填入数值来描绘意象。在描绘的过程中，将会逐渐理解"这个轴的选取方式很重要""这个横轴必须得到很精确的数值"等，这项工作本身就可以发挥很大的功效，在实际开始分析的时候，这种效果会让整体工作效率大幅提升。

虽然很容易忘记，但"数值不是越精确越好"。最后需要的数据精度是多少，是在这个阶段需要掌握的概念。当想要查明"50%还是60%"时，就不需要以0.1%为单位的数据。（图3-10）

实际上画出图表的意象后，需要什么精度的数据、什么和什么比较会成为关键，都必须明朗化。如果觉得假说中包含"可能会出现快速变化"的地方，那这部分就必须先取得较精确的数据。

例如，假设现在正在开发某种饮料，需要针对"人感觉到甜味的甜度"进行调查。我们思考知觉的基本性质后可以预测

图 3-10　图表的意象与位数

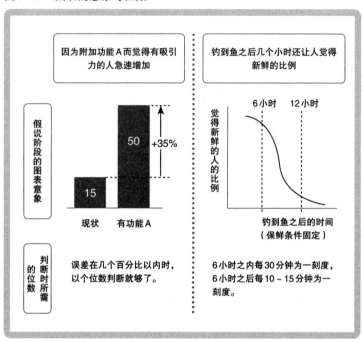

这个结果可能不是直线，而是呈 S 形有弧度的曲线。甚至按照市面上一般饮料的甜度分布于 5% ~ 10% 来思考的话，可以设立假说为在 5% ~ 10% 的六个整百分比之间，敏锐度很可能有非常大的差异，10% 以上的话，大概敏锐度又会降低。（图 3-11）

一旦像这样设立假说，就可以看见在 5% ~ 10% 之间要获得精确数据的需求。不光是找出纵轴与横轴就好，还要将意象具体化，由此可事先知道讨论所需的精确度。

图3-11　建立假说：以"人感觉到甜味的甜度"为例

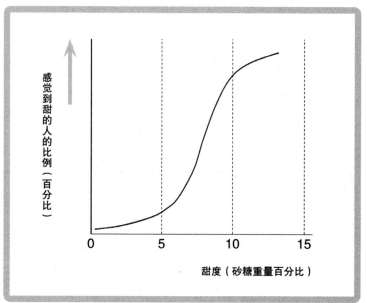

表达含义

要实际填入数值从而描绘出具体图表的意象，就必须通过比较使"含义"变得清晰。在分析中，所谓的"含义"是什么呢？答案非常简单。

之前也描述过分析的本质就是比较。因此分析或分析型思考中的"含义"，究其根本就是"比较的结果是否有所不同"。也就是说，表达"含义"的重点正是在于可以明确展现"通过比较所得结果的不同"。能够明确了解的差异，包括以下三个

图3-12 意涵的本质

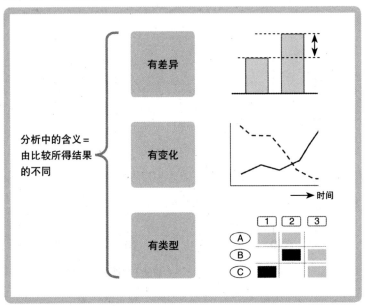

典型情况（图3-12）：

    1.有差异

    2.有变化

    3.有类型

将这些最终想要得到的"含义"填入，当作分析意象。若在开始分析之前就对所需结果拥有强烈的意识，那么当无法顺利得出结果时就不会太过失望，必须放弃的界限也将变得明确。这同样也可以避免"不知道为了达到什么目的而做这个分析"的情况发生。这个步骤就是将想象填入最终结果意象的过程，所以，其技巧在于一面想着"我想要这样的结果"，一面快乐地实行。

3.4　步骤三：清楚指出获得数据的方法

该如何获得数据？

连环图的制作在经过找出"轴"、意象具体化之后，大致就算结束，但最后还有一个步骤一定不可省略，那就是清楚指出获得数据的方法。

设定议题后，以所设定的议题为基础组建故事线，并配合故事线大胆地制作连环图，就算到目前为止都表现优异，但是如果实际上没有办法获得重要数据，一切都将化为空中楼阁。虽然在议题的起点大胆描绘连环图有其意义，但在最后的阶段则需要先想好实际的执行方式。

具体而言，可以在分析意象的右边写下"用什么样的分析办法来实现什么样的比较"或"从什么信息来源（data source）获得信息"。如果在科学界，具体的方法论都很明确，在商业上的课题也是如此，要明确必须进行什么样的调查来获得数据。

例如在营销学中有各种方法进行消费者市场调查，希望各位尽量不要对自己所描述的故事线该采用的方法毫无头绪。

可以用访谈的方式对回答者进行调查；也可以利用网络，可以设定条件或随机抽选来挑选回答者；也可以找很多具有特定属性的人。这些都非常重要，而且与议题息息相关。有时候常用的做法可能无法顺利完成，会需要新的解决方式，然而如果能在所有工作的开始阶段就看到这个情形，也就能有充足的时间安排各项准备工作。

在科学界的大发现之前，常常会发现前所未有的方法，其中绝大部分正是源于"从议题开始"的解决方式，为了突破大型障碍而绞尽脑汁，从而得到长足进步，开发出新的方法。

我很喜欢举的一个例子是利根川进在研究后来借此获得诺贝尔生理学或医学奖的免疫系统基因重组时的一段逸事：分离DNA的"胶冻"（由琼脂纯化物提炼凝固而成）在一般分子生物学中使用的长度大约为20厘米，利根川进在实验的时候说"这样不够长"，而利用从其他领域带来的两到三倍长的胶冻做实验，才跨越了研究上的障碍。

虽然这对于"从想要的结果开始思考"的人而言是理所当然的事，但对于没有这一层认知的人而言，多的是令他们惊讶的解决方法。如果觉得既有的办法已经发挥到极限的话，依据

"从议题开始"的想法完成分析设计的可能性极高。

话虽如此，如果不能时常发现新办法就无法找出答案，这也是很头痛的事情。所以先灵活运用既有办法，并正确了解可使用办法的意义与极限，还是很有帮助的做法。因此建议各位读者先了解一下与自己相关的领域中所有的关键方法。

例如，以消费者市场调查来说，如先前所述，光谈调查，定性分析与定量分析都分别具有诸多方法，光定量分析的调查方法就有邮寄、电话、网络、入户调查、在某个地方集体调查等多种方式（图3-13）。每个方法都各有其优缺点，如果你只会其中某一个方法的话，可以处理的议题范围将会大幅缩减。

可是，如果熟悉全部的既有方法的话，无论在哪个领域都需要花费多年时间。在这些知识及经验都还不足的时期，就需要下特别的功夫，让自己所能处理的议题不至于受限。这时候，若能先储备几位与自己领域相关的行家或可以商量的智囊团人脉，应该会很有效果。

落语[①]家立川谈春曾出过一本名为《红色鳟鱼》的散文集，其中就提到在立川流中，为了要成为受到认可、能够独当一面的"二目"[②]，必须先研究五十则古典落语。

---

① 译者注：日本民间文学样式之一。类似单口相声或说书。
② 译者注：落语家的等级，约为中级。

图3-13 掌握调查的方法：以消费者市场调查为例

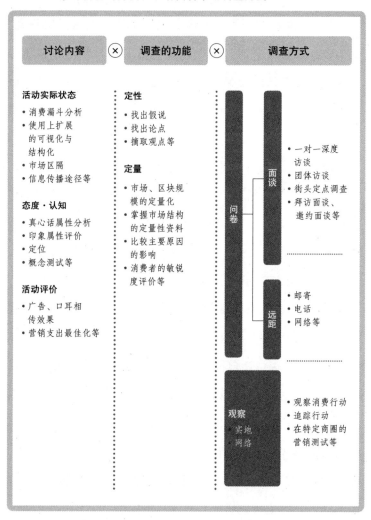

事实上，无论在哪一个领域，大多数专家所指的"修炼"，其中大部分精力都耗费在学习这些既有的办法与技巧上。这时候若能对"从议题开始"的观点有所认知，就能大幅提高关于设想运用在各种情境的技巧的学习意志。所谓"眼界高的人成长迅速"这个在专业工作者世界中的不成文规则，我想正是来自这层意识。

作者的提醒

从脑的知觉的特征看到分析的本质

为什么以"比较"的观点设计分析，可以有效地找出主要议题或次要议题的答案呢？接下来，以我所学的三种专业之一的脑神经科学角度稍作说明。

先从结论说起。对于该找出答案的议题会通过比较而产生含义，是由我们脑中信息处理的特征所造成的。第一章也曾简单提到，事实上神经系统并没有相当于计算机中记忆装置的构造，有的只是神经间彼此联结的构造。

根据知觉的观点来理解时，希望各位先留意神经系统的四个特征。

1.超过临界值的输入，并没有任何意义

单一的神经元是脑神经系统的基本单位，如果刺激强度没有达到某种程度，神经元便不会发生反应，一般将此称为"全或无定律"，神经系统无论是神经群还是脑的层级，基本上都具有相同特性。无论是味道还是声音，都是超过某个强度就可以突然感觉到，而到达某个程度之后就突然感觉不到。计算机虽然也是以最小信息模块为0或1进行处理，但输入的强度与

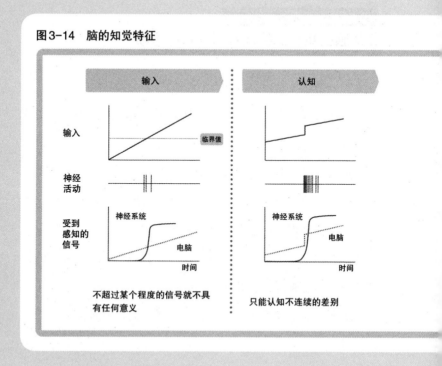

图3-14　脑的知觉特征

输出毕竟属于线性关系；而对于脑来说，临界值是属于"具有输入意义的界限"。

2.只能认知不连续的差别

人脑无法认知"较为平缓的差异"，只能认知那些"异质或不连续的差别"，这也是计算机所没有的特征。

例如，很多人都有过如下经验："在小吃店吃乌龙面的时

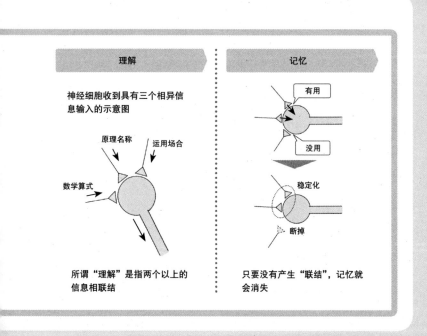

理解	记忆
神经细胞收到具有三个相异信息输入的示意图	有用
原理名称 运用场合	没用
数学算式	稳定化
	断掉
所谓"理解"是指两个以上的信息相联结	只要没有产生"联结"，记忆就会消失

候，可以马上察觉到店内有人正在吃拉面"。可是，在吃眼前的乌龙面时，即使香味变弱数个百分比（这是的确会发生的变化），却没有人能够马上察觉。无论声音还是视觉，可以说都有相同的情形。

人脑现在已经进化到强调"异质的差别"而处理信息，这是脑中思考知觉时所依据的原理之一，也正是设计分析时需要进行明确对比的原因。由明确对比导致的差别越明显，就越能提高脑中认知的程度。没错，与其说比较是分析的本质，还不如说对我们的头脑而言，比较是能够真正提高认知的方法。因此我们称之为"分析性思考"。

与这个特征相关、需要留意的是，在设计分析意象时（第四章将详述），不要持续使用相同的分析模板，这个观念是很重要的。因为我们的脑只能认知异质的差别，所以如果连续使用相同形式的表格或图形，从第二张之后我们的认知能力会大幅降低；若连续使用至第三张，要让人留下深刻的印象就变得相当难了。图表有很多表达模式和种类，我们必须注意应尽量避免连续使用相同的形式。

3. 所谓理解就是联结信息

神经元作为大脑皮质处理信息的主要结构，呈现出类似于金字塔的形状，每一个神经元都会形成一千多至五千左右的突触（神经元之间的连接处），一个神经元与许多神经元连接。当具有相异信息的两个以上神经元同时受到刺激，并通过突触同步（synchro）该刺激时，就可以联结两个以上的信息。也就是说，在脑神经系统中，"两个以上的意义重叠联结时"与"理解"在本质上是无法区别的。这就是第三个特征，也可以说所谓理解，就是联结信息的意思。（参考图3-14）

从这一点继续深入思考下去，就可以了解为什么有些说明，就算没有心理障碍也无法理解。也就是说，就算提供了与已知信息毫不相关的信息，对方也无从理解，而这正是我们在设计分析时必须重视"轴"的理由之一。分析中的比较轴就是将多个信息串联起来的横线或纵线，通过在相同的基准下看见相异的地方，信息与信息间容易产生"联结"，就会促进理解。优异的轴的联结力量更强。

4.持续联结信息将转变成记忆

先前已经说明"理解的本质，是将两个以上的已知信息联结"。其结果就像众所周知的那样，"只要时常进行联结，那个联结就会变得特别强"。这是属于微观层级神经间的联结，也就是突触的特性，就像若将纸折很多次，折线就会越来越清晰一样。这是由加拿大心理学家唐纳·赫布（Donald Hebb）提出的"赫布法则"（Hebbian Rule），只要重复多次那个让人不得不想到与某个信息联结的场合，一再地体验"原来如此"，人们就不会忘记这个信息。也许你会觉得理所当然，但在日常生活中却很少有人会意识到这一点。

如果想要让对方牢牢记住有意义的内容，像鹦鹉一般不断重复说相同的话是没有用的，必须让对方重复"××和××确实有关系"这种实际上将信息联结起来的"理解的经验"，才能留存在对方的脑中。在学外语的时候，光是看单词本是记不住的。但当你意识到在很多不同的场合、情境中，会以相同意思使用某个单词时，就能记住那个单词了，这也是一样的道理。

以这样的观点来看，就会发现错误的广告和营销实在不胜枚举。下功夫将新的信息与接收者已知的信息加以联结，才是关键。

这也是为何必须设立可以明确理解的议题和次要议题，并从该观点继续深入讨论，再从该观点找出答案的原因。经常以一贯的信息与信息间联结的观点进行讨论，不仅可以加深接收者的理解，还可加深留存在记忆中的程度。

成果思考
进行实际分析

我的代数不是在学校学的，而是从屋顶阁楼的置物柜中，找到阿姨以前的旧教科书，靠自己读书自学来的。拜其所赐，我才得以领悟问题的目的在于探索"X究竟是什么？"这件事本身，而答案是用什么方式找出来的根本就不重要。我觉得很庆幸。

——理查德·费曼（Richard P. Feynman）

理查德·费曼：物理学家，1985年诺贝尔物理学奖得主。引自《天才费曼》（*No Ordinary Genius: The Illustrated Richard Feynman*），克理斯多夫·西克斯（Christopher Sykes）编。

4.1 什么是产生成果的输出（Output）?

在找到议题、完成故事线，并以图解方式做出连环图之后，接下来就要将连环图转化为实际的分析。终于，我们进入了实际开跑的阶段。

只是，在这里有可能会步入黑暗而受伤，有时候甚至会偏离跑道而出局（即计划中止）。本章就要与各位一起看看，在实际分析或整合图表时，要注意什么才能不受伤而顺利跑完全程。

在这个阶段请再次确认目标是什么。话题回到导论中提到的事倍功半的"败者之路"，我们在进行的是一个游戏，只需看"如何在有限时间内有效率地产生真正有价值的输出"，彼此竞争所锁定的高议题度活动的价值有多少，以及可以将输出的质量提升到多高。这个阶段是最接近游戏的步骤，正确的心态和对游戏规则的正确理解都变得很重要。

不要贸然纵身跳入

在一开始，有一个很重要的观念是"不要贸然直接进行分析或验证"，因为就算是最终用以验证相同议题的分析，仍有轻重缓急之分。先查明最有价值的次要议题，进行这方面的分析。依循故事线与连环图而排列的次要议题中，必定有些部分对最终的结论或故事主轴影响很大，从这些部分开始着手，即便只是粗略的程度，也要先找出答案，知道那些部分是否真的可以验证。如果在一开始没先对重要部分进行验证，万一所描绘的故事从根基开始瓦解，将会造成无法收拾的结果。此时，先掌握故事线中绝对不可以瓦解的部分，或在瓦解的瞬间立即替换故事线，这个关键的"前提"或"视角"部分就变得十分重要。

当上述部分完成后，接下来的部分如果价值相同的话，就从可以尽早结束的部分开始着手。这才是在进行输出的阶段中应付出的努力。

比方说，《灰姑娘》的故事是将整个故事建立在"辛德瑞拉比后母的女儿们具有压倒性魅力"这个前提之上的。像这样，无论什么样的故事都有成为关键的前提。如果是被迫转换业务方针，前提可能类似"照这样下去该业务将大幅走下坡路""光是追求销售台数将会导致赤字"。如同第二章"故事线的两个模板"之一的"空、雨、伞"中的"空"（确认课题）就是关键的前提。大多数时候，这些部分与逻辑上的大分岔点对应，在这个点上决定往左或往右，将会从根基处彻底改变整个故事。

话题回到刚才讲的《灰姑娘》的故事，这个故事中有"能穿得下玻璃鞋的只有辛德瑞拉"这个关键点被发现。像这样的发现无论在哪个故事中都会存在，时常还会成为简报或论文的标题。

像是如下几个例子（图4-1）：

图4-1 从前提与视角开始入手

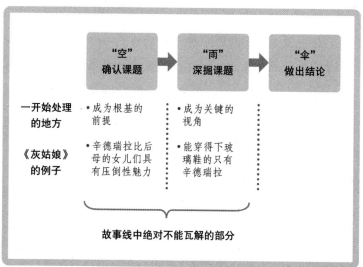

- 这个维生素必须在特定离子超过某个浓度时，才能发挥效果。

- 这个业务模型必须满足三项条件时，才能成功。

● 被认为属于不同种的两种鱼，实际上是同种的公鱼和母鱼。

在验证这些关键的次要议题时，要让不同论点所代表的含义明确化。所谓类型的验证，就是明确地认识论点，并找出答案。

世界级脑神经科学家之一的小西正一[1]说过如下一番话：

生物学中，只要问题没有得出肯定的结果，大多都是完全没用的实验。美国科学家称这类实验为远洋钓鱼（Fishing Expedition），就是如果钓不到鱼的话，瞎忙一场也只是徒劳无功。所谓理想的实验，是指无论在逻辑上还是实验上都很简单，且无论结果是什么都可以成为有意义的结论。[2]

从小西说的话中，我们也可以明确认识到真正议题的实验（分析、验证）是多么珍贵的一件事；有意识地按照这个信念进行研究，又是多么重要。

---

[1] Masakazu "Mark" Konishi，加州工业大学教授、美国科学研究院会员。
[2] 引自《浪漫科学家》（《ロマンチックな科学者》），井川洋二编，日本羊土社出版。

不要"先有答案"

现在已经了解了实际进行处理时的先后顺序，接着希望大家在脑中先记得：在这个产生成果的输出步骤中，进行有意义的分析和验证时，要采取与"先有答案"反向操作的态度。

如果对团队中的年轻人说"请以从议题开始的态度，交出有价值的成果（输出）"，引起误会的概率会相当高，因此我们时常可见"只搜集那些可验证自己的假说是正确的资料，而没有验证假说是否真的正确"的情况出现。这样做并不能完成论证，而更像是运动比赛中的犯规。

根据"从议题开始"的思维，针对各个次要议题进行验证时，必须以公正的态度验证才行。

比如说，假设在以地心说①为主流的时代，如果想提倡日心说②，不能只举有利于日心说的事实，而是需要论证按照地心说的理论根据其实可以解释日心说才是正确的方式，并指出否则会产生什么样的问题或矛盾。

简单来说，就是要避免"见树不见林"的情形发生。

---

① Geocentric Theory。公元一百多年，托勒密（Ptolemy）提倡地心说，认为地球是宇宙的中心，地球本身不动，只有其他的星体和恒星会移动，所有的星球都环绕着地球运行。

② Heliocentric Theory。尼古拉·哥白尼（Nicolaus Copernicus）在著作《天体运行论》（De Revolutionibus Orbium Coelestium）中提出日心说，主张地球和其他行星都是环绕太阳运转。但是，由于日心说与当时罗马天主教的教义相违，这部著作直到1543年才得以出版。

假设你是手机行业的员工，在智能手机盛行的时代，只依据"GALAPAGOS手机"（日本国内专用机）的市场占有率，认为"我们公司的手机人气丝毫不受影响"，显而易见这样的主张根本毫无意义。这个例子比较夸张，不过在经验较浅的时期，有不少应该一起评估的选项明明就近在眼前，却还是漏掉了，像这种"见树不见林"的验证，必定会在某个地方露出破绽，到那时，白白浪费的时间将无法挽回。

图4-2 "先有答案"和"从议题开始"的思维大不同

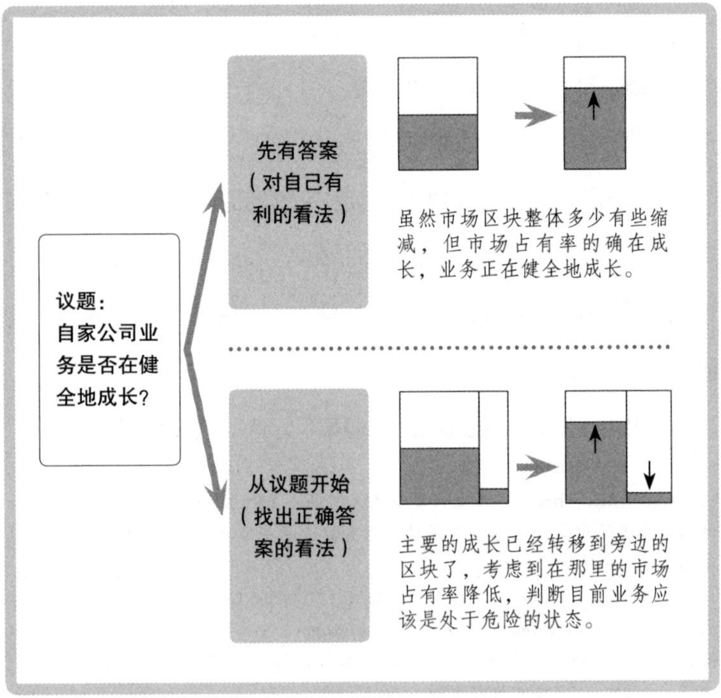

议题：
自家公司业务是否在健全地成长？

先有答案
（对自己有利的看法）

虽然市场区块整体多少有些缩减，但市场占有率的确在成长，业务正在健全地成长。

从议题开始
（找出正确答案的看法）

主要的成长已经转移到旁边的区块了，考虑到在那里的市场占有率降低，判断目前业务应该是处于危险的状态。

我们每个人的工作信用都建立在"公正的态度"这个基础之上，希望各位能先认识到只看得见对自己的主张有利的"先有答案"和"从议题开始"的观点完全是两回事，并牢记在心（图4-2）。

4.2 剖析难题

交出成果的两个难题

其次重要的是"正确剖析难题"。

产生输出（成果）的步骤与障碍赛跑有异曲同工之妙，即使看出了议题，看出了故事线，还看出了"就这样进行分析吧！"的连环图，然而一旦实际着手，难题却一个个接踵而来。在这样的情况下，为了不降低速度并能继续跑下去，多少需要下些功夫让自己不要被障碍物绊倒。

预防难题的基本策略，就是尽量先与重要的事物互相联结，如果是"在这个地方瓦解，一切都将免谈"的重要论点，更要先准备可达成两重或三重验证的机制。就算失败了一两次，也可以想办法让整体议题完成验证。另外，只要是可以先准备的东西就提早准备好，由此制作故事线和连环图。当预计准备工作会比一般情况需要更长时间的话，就应尽早开工，越早着手也就可以越早了解情况，如果准备所需时间比预期要长，光是这一步就已经可以大幅提升生产效益了。

总之，尽可能提前先针对问题进行思考。像这样"尽量先思考交出高价值成果的生产程序"，也就是"问题发生之前的思考"，是专业工作者必须在特定时间内交出成果时应做好的非常重要的心理准备。

难题①：无法得出想要的数值或证明

在产生输出时典型的难题之一是"无法找出想要的数值或证明"。尤其在提出前所未有的、既新颖又具有高度的观点设立假说时，时常会陷入这样的困境。

例如我曾经做过一个合作案例，是尝试通过"观察'衣、食、住、行'这些生活中的几大范畴，推测经济规模"，这个案例从开始就摆明了根本就没有想要的具体数值。

重要的是就算没有直接可使用的数值，仍不要轻言放弃。只要动动头脑，还是有很多方式可以将之明朗化。

进行结构化推断

例如，假设想要验证"电子游戏行业除了在硬件导入部分，还会在软件部分产生大幅营业额及利润"，光看电子游戏厂商的收费证券报告书及年报是无法验证这一点的，其中没有任何可用于验证的数据。

在这样的情况下，"结构化的能力"就变得很重要。关于整体的营业额可以考虑下述公式：

● 整体营业额 = 硬件营业额 + 软件营业额

于是如图4-3所示进行分解，根据硬件及软件的营业数量、大致的市场单价、批发时的加价和厂商利润率及其变化尝试进行计算，得出大致的硬件及软件营业额比率。

物理学家恩里科·费米是少见的对本书中所介绍的理论与实践二者都表现杰出的人。他主张世界上无论什么数值都可以大致推断得出结果，像是"美国有多少辆电车""芝加哥的钢琴调音师人数"等。就算是乍看之下完全不知道该从何下手的数值，也可使用前提（如家庭户数、拥有钢琴的家庭比率、钢琴调音频率等）与结构逐步加以推断。这个推论方法就是著名的"费米推论法"，这也是借由结构化而找出数值的例子。

在科学研究的前线，这项能力更是不可或缺。我回首自己任研究员的时期，也曾多次体会到推断能力有多么重要。

在美国大学及研究所中有被称作"机械室"（machine room）

图4-3　结构化之后再推论：以推测电子游戏市场营业额的构成为例

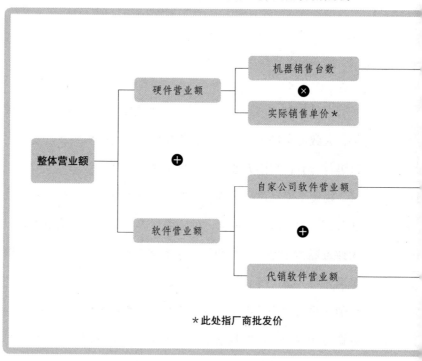

＊此处指厂商批发价

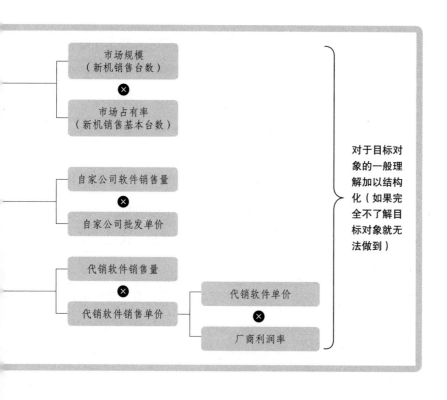

的机构，那里的专家会为学生制作用于实验的个性化装置。这时候，机械室的人会问我们"目的是什么？想得到什么样的数据？实际上可能会得到什么样的数据？"等，再根据我们这边的推论进行制作。所以如果推断太粗略浅显，辛苦制作的装置和费用就白费了，无论是委托方还是被委托方，都会感到非常痛苦。在实验的时候也是，若不先思考"物质在什么样的浓度，会变成什么程度的量（是5微克还是50微克）"，实验的进行方式也就错了。

实际走访

有些情况是只要知道大致规模，就可以找到次要议题的答案，这时候通过实际走访获得信息也是很有效的办法。例如，假设思考推导："某女性名牌旗舰店的展店场地，该设在涩谷的公园大道还是表参道？"如果想知道哪一边比较接近自家公司锁定的目标客户群体，直接去调查是最快的。在工作日及周末假日各找一天，分别请人站在这两个地方进行粗略的调查，应该就可以掌握大致的动向及规模。

用多种方式进行推断

当规模未知的数值很重要时，用多种方式计算（测量）来获取该数值的规模程度，也是很有效的办法。

例如，如果需要求出"特定区块中顾客的人均利润率"，而目前某数值的精度很低的话，可以对整体或其他区块的数值进行反推算，以此作出比较。或者希望知道某商品营业额的时候，就算找不出实际的数字，也可以利用"单价×销售个数""市场规模×市场占有率"等多种方式计算并推断出相近的数值。若是需要知道特定商品的市场规模的话，可以用"对象人数×每人消费额""主要销售渠道的平均销售个数×销售单价"等加以推断。

图4-4　由多种方式推断：以推测营业额为例

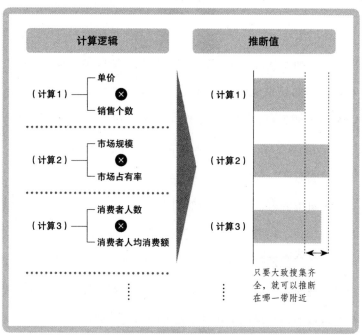

像这样用几种方式逐一找出各项数值，大多数时候都可以推断出大致的数值。也就是"由规模观察"。（图4-4）

到目前为止已经介绍了"进行结构化推断""实际走访""用多种方式推断"这三种方法，只要掌握这些从多方推断（讨论）数值的解决方法，那么在找出重要数值后也可以快速验算，这将降低发生大型错误的风险。希望各位读者可以提前对主攻领域中经常出现的数值作出大致推断。

难题②：以自身的知识或技巧无法让界限明确

在产生输出的步骤中，第二个典型的难题是，只靠自己的知识和技巧无法得到任何结果。本应是决定胜负的实验，却不顺利；明明是惯用的分析方式，却得不到想要的数据；原本以为两星期就可以完成的工作，后来才知道竟然要费时两个月……虽然很惨，但像这样的情况，每隔一段时间却必定会发生。这时候，究竟该怎么办呢？

最简单的办法就是"到处问人"，讲得好听一点就是"借力使力"。只要多听听该领域资深人士的经验谈，很有可能会获得能突破瓶颈的智能或点子。运气好的话，还可以学到遇到相同难题时如何避开困境，甚至也可以问到一般无法获得的数据或秘技。针对自己正在着手处理的问题，拥有"可到处询问的对象"也算是技能的一部分。拥有自己的智囊团人脉是很棒的事，而且大多数的时候，可以直接从不知情的人那里听到几乎相同的故事线信息。

那么，如果遇到无法问人的问题，或独自一人不能顺利解决的时候，该怎么办呢？

这个答案是："当期限将近，如果解决方案还没有眉目的话，就要快速干脆地放弃那个办法。"虽然截止期限可能随着领域不同而相异，但要分辨新的办法是否奏效，在商业界大约需要几天到一个星期的时间；在我所从事的生命科学领域的研究中，大约需要二至三个星期的时间。

无论是谁都有自己偏好的做法或办法，不仅可靠，而且通常由于已经很习惯，所以用起来速度也会比较快。尤其是若该办法是由自己或自己所在的团队发明出来的话，出于人的天性，一定会希望尽可能坚持甚至拘泥于运用该办法。可是，若是没有限度地坚持，这将会成为导致分析和验证停滞不前的绊脚石。无论是多么惯用或自信的办法，当知道用此办法无法得到结果时，都必须快速干脆地放弃。

一般无论是什么议题，都会有很多分析和验证的方法，并没有哪一个方法具备绝对的优势导致产生很大的差异，所以如果有比自己的办法更简单又不费时的解决方式，当然就应该采用。

这种冷静的判断对我们的工作和研究有很大帮助，因此，希望各位读者先确认：目前是否真的除了那个办法就没有其他办法可行了。无论是什么样的分析，都要尽量避免完全没有替代方案的情况。心里想着无论是什么办法，只要能找到议题的答案就好。以这样的观点，经常思考是否需要放弃现行的办法。

4.3　明快找出答案

拥有多个办法

创立麻省理工学院人工智能实验室（Massachusetts Institute of Tech-nology's AI Laboratory），人称"人工智能（AI, artificial intelligence）之父"的马文·明斯基（Marvin Minsky）对理查德·费曼的评价中有一段话，正道出产生高质量输出的本质：

我认为所谓天才，就是拥有下述资质的人：

● 不受同辈压力的左右；

● 永远记得探索"问题的本质究竟是什么"，很少依赖心想事成；

● 拥有多种表达事物的方法，当一个方法无法顺利进行时，可快速切换成其他方法。

总之，就是不固执。多数人会失败的原因，不都只是因为执着于某个地方，从一开始就下定决心想尽办法要让它成功吗？与费曼谈话时，无论提出什么样的问题，一定可以听到他回答‘不，这部分也有别的看法’。我从来没有认识一个人，像他这么不执着于任何事物。[①]

从明斯基的话中我们可以了解到，“手上握有的牌数”与“自身技巧的丰富性”直接关系到身为价值产生者的资质。比起只会曲球和快速球，如果还会投内飘球及叉球[②]，当然会更好。对于擅长或不擅长的观念越淡越好。

美国研究所的博士课程中，大多都要求必须待过三个左右不同的实验室，这与从一开始就属于唯一一个研究室的日本研究所形成对比，然而美国的这个制度可以说是“多种技能集于一身的方法”。对多个领域都具有实际经验，且拥有直接可以讨论的人脉，对寻找答案会有很大帮助。

目前我在商业界以消费者营销为主的领域从事各项工作时，经常会遇到只运用特定调查方法却无法找出大型议题答案

① 摘自《天才费曼》一书。
② 编者注：曲球、快速球、内飘球、叉球都是指棒球运动中的投球球路。

的情况，总是要组合多种方法，或将自己的观点加入既有的办法中，才能首次接近答案，因此，最好能具备多种可使用的办法。如本书第三章所述，请先熟悉自身相关领域中所有的分析方法。之后，我想鼓励读者们无论在什么领域，在工作或研究刚开始的最初五年或十年时间，尽量培养广泛的经验与技能。

重视循环次数及速度

既然已经正确了解输出、投注心力、避开难题，最后就只剩"尽快找出答案"了。无论什么样的主要议题或次要议题，都要找出答案才可以说相关工作结束。这时候很重要的是"不停滞"。也就是快速进行整合，而要达到这个目的就必须先知道以下技巧。

造成停滞的主要原因是最初提到的"仔细过头"。也许各位读者会想问："处理得很仔细为什么不好？"但从生产力的观点来看，仔细过头就是缺点。就我的经验而言，若要"将分析的完成度从60%提升至70%"，需要花费比之前多一倍的时间；若要提升至80%，又要再花费一倍的时间。另一方面，在60%完成度的状态下，若从头重新检视，再进行一次验证的循环，将可以用"提升至80%的一半时间"达到"超过80%的完成度"。若一味地追求仔细，不仅速度慢，连完成度都会降低（图4-5）。

图4-5 循环的效果示意图

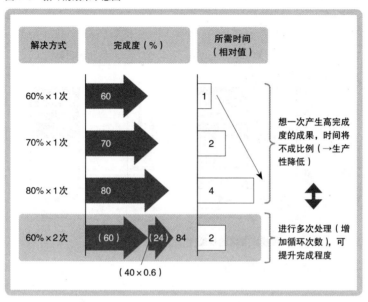

不要追着数字在原地团团转，尽快整合才是重点。与其追求每一次的高完成度，不如重视处理的次数（循环次数）。而且，若以90%以上的完成度为目标，通常会无计可施从而浪费很多时间。那么高的程度，在商业界必然是不可能的，就算是研究论文也不会有这种要求。因此，自己先认识到"对接收者而言足够的程度"，并刻意"避免做得太过头"是很重要的。

最后，用矩阵图（图4-6）说明"解答质"。虽然在导论中已经说明过，如果能以具有震撼力的方式找出议题的答案，将会产生非常棒的效果，可是重要的还是"是否可以找出答

图4-6 "解答质"的矩阵图

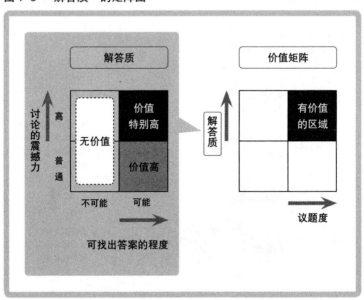

案"。无论采用多么细腻的解决方式，如果不能正确地找出议题的答案，将无法产生任何震撼力。所以另外一个要素——"速度"，在这里就具有决定性的地位。以"比起完成度，更重视循环次数""与其重视细腻度，不如追求速度"这样的态度去执行，最后会感到很受用，而且也可以清楚顺畅地产生出对接收者而言有价值的输出（成果）。

第 5 章

信息思考
整合"传达信息"

科学分为好科学与坏科学……进行各种为数众多的实验，即使从新的结果中一次又一次发现新现象，并将其中多样且复杂的内容发表为论文，但这样反而会难以准确把握本质性的结果，这种情况屡见不鲜。可是，当然也有人总是有意识地想要从多样又复杂的实验当中，找出隐含的某些简单的本质、新的思维或理论，当这样做成功的时候，才是科学的真正进步……

——野村真康引述詹姆斯·沃森（James Watson）

野村真康：分子生物学家，加州大学教授，美国科学研究院会员。

詹姆斯·沃森：分子生物学家，1962年诺贝尔生理学或医学奖得主。

引自《浪漫科学家》，井川洋二编，日本羊土社出版。

接下来，本章将说明实际整理论文或准备简报时的细节。希望就算不做简报、不写论文的人也可以读读看。

5.1 实现本质性和简单化

终于到了最后的收尾阶段。找出议题，并遵循基于议题的故事线完成分析和验证，现在就剩下整理成某种形式，从而将议题的相关信息强有力地传达给别人。

这正是本章我称为"信息思考"的摘要，是位于假说思考、成果思考之后，用于快速提高议题解答质的"三段式火箭"中的最后一段。

一鼓作气

依照目前为止所介绍的方法进行正确的讨论后，解答应该已经提升到较高的质量才对，在这个步骤就要一口气完工，拿出成品。在这里加把劲，即使是相同的内容也可以变身成为更强而有力的输出。

在着手进行整合作业之前，要先描绘"达到什么样的状态才算是计划的终点"这种具体的意象，并不是单纯只要做出简报数据或论文就够了。

在此之前，描述的目标在于有价值的输出，而且是"议题度"高、"解答质"也高的输出，单凭该输出成果就足以给人留下深刻的印象，让大家认同其价值。而产生真正有意义的结果，正是本章的内容——信息思考，也就是最后一个步骤结束后，我们希望达到的终点目标。为了达到上述目的需要什么条件？在此希望各位读者再次深入思考。

结果报告最终输出的形式，在商业界大多是简报，而对于研究来说则以论文的形式居多，这都是为了填补自己与听众或读者之间的差距。最理想的状态是在听众或读者听完或读完后，接收者能与发表者拥有相同的问题意识，并赞同其主张，甚至同样对结果感到兴奋。因此，这需要接收者达到下述状态：

1. 了解正在处理的课题是有意义的。

2. 了解最后的信息。

3. 赞同信息并付诸行动。

那么，设想一下究竟哪些人会是想听或想读我们传达的信息的接收者呢？

在我最初接受训练的分子生物学领域中，每当进行演讲与发表的时候，就需要做好"德尔布吕克[①]的教诲"的心理准备。这不仅局限于科学领域，只要是想传达智慧给他人，都同样属于有价值的教诲。什么是"德尔布吕克的教诲"？说明如下：

1.认为听者对这个领域完全不熟悉。

2.设想听者具有高度智慧。

无论谈论什么话题，都以接收者没有专业知识为思考的基础或前提，或者相信只要传达了议题的背景、最终结论及其中含义，也就是做好"确实的传达"，对方就一定能够理解。简言之，就是将接收者设想为"智者无知"。

加上从开始贯彻到最后都维持"从议题开始"这个策略，而且发表的内容（简报或论文）中充满"要找出什么问题的答案"的意识感，可以简单而毫不费力地提高接收者的问题意识，让接收者的理解力大幅提升。议题越模糊，将使接收者的

① 　马克思·德尔布吕克（Max Delbrück），德国生物学家，是使用噬菌体（phage）进行研究的遗传学者，1969年诺贝尔生理学或医学奖得主。

注意力越分散，而理解力下滑，将会离所希望的结果越来越远。本书从一开始就以所谓"要找出什么问题的答案"这个议题为观点，抱持明确的目的意识一路前进至此，而这个步骤正是其集大成者。

在"从议题开始"的世界里，不需要"感觉有趣"或"认为好像重要"，只要有"真的有趣"或"真的重要"的议题就够了；也不需要弄得很复杂，而是应完全删除会让注意力分散或模糊不清的东西；不再有白费工的部分，让流程与构造都很明确。

在信息思考一章，也就是这本书最后的收尾阶段，应以"本质性""简单化"这两个观点进行设计：推敲故事线的结构，并且仔细检验图表。接下来，我将介绍其中的重点。

5.2　推敲故事线

三个确认程序

首先，按照"是否完整传达依循议题的信息"的观点，推敲故事线的结构（图5-1）。具体来说有三个程序：

图5-1　推敲故事线的三步骤

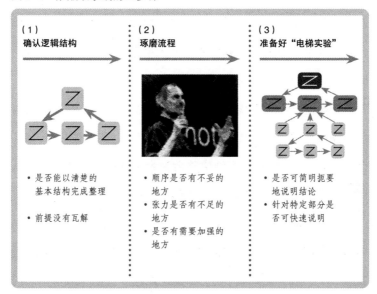

1. 确认逻辑结构

2. 设计流程

3. 准备"电梯演讲"

接下来，我会介绍各个程序的重点。

程序①：确认逻辑结构

在一开始要进行的是确认基本的逻辑结构。

　　只要按照本书之前介绍的办法，议题及支持议题的次要议题应该都很明确，用于验证那些议题的故事结构应该也可以确实地组成金字塔形。在分析和验证结束之后，在大致完成的时间点再确认一下个别的图表结构。

　　如同在解说故事线时说明的那样，结构应该采取制作故事线的模板（详见第二章）——"并列'为什么？'"或"空、雨、伞"，以其中一个方式将结论整合为金字塔结构，首先要确认用哪一种结构可以清楚地整理出最终情形。

　　如果采取"并列'为什么？'"的方法，就算并列的理由中有一个理由瓦解，通常也不至于遭到破坏性的影响。如果是"空、雨、伞"，若前提"空"（确认课题）瓦解，或承接该前提的"雨"（深掘课题）在理解上有很大的偏差时，会对"伞"（做出结论）整体的信息产生很大的影响。因此应重新检视整体的结构，并删除结构中没用的部分。有时候，当运用"空、雨、伞"难以整理时，就要思考是否可以转换成"并列'为什么？'"（也有相反的解决方式，但能够反过来处理的情况很少）。无论在"并列'为什么？'"还是在"空、雨、伞"任一个结构中，都要确认关键的视角或论据彼此独立、互无遗漏。

　　当分析、检查的结果会影响整体信息时，请确认是否需要重新检视整体故事线的结构。由于原本就是有意识地针对该找出答案的议题进行所有的作业，所以，就算各个次要议题的分析结果是在意料之外，也自有其意义，甚至可以说谁也没有预料到的结果才更有震撼力。正如第三章的开头曾引用费米的话当假说瓦解时，只要抱持将其视为"新发现"的心态就可以了。

对于整体流程或用于比较的架构，建议也整理成图比较好。但是，请尽量只留一个作为整体结构的架构，因为如果在脑中同时存在多个架构，在听取简报或读论文时，接收者的理解度会降低。

另外，在确认逻辑结构的这个阶段，如果出现新的关键概念时，可以赋予其"原创的名称"。时常可以见到用旧的说法作说明而引起很大误解的情况。

例如丰田汽车为自家公司的生产方式的工具取名为"广告牌"，美国通用电气公司将经营整体流程的改革办法取名为来自质量管理的名词"六西格玛"（Six Sigma）。结果，这些概念都普及到写入教科书的程度。当然，取名字的情况一定要锁定具有相当意义的场合，这一点十分重要。

程序②：琢磨流程

确认过成为故事线基础的逻辑之后，接下来要确认的就是"流程"了。

所谓优秀的简报，不是指"从一团混乱中浮现出一幅图画"，而是指"从一个议题陆续扩展出关键的次要议题后，在不迷失流程方向的情况下，思考也跟着扩展开来"。将目标锁定在这样的形式，并在明确的逻辑流程中显示出最终信息，将会更加理想。

若要琢磨整体的流程，建议采用一边彩排一边整理的方式。我通常使用以下的两个阶段进行彩排——先用"看图说故事形式的初稿"，之后用"以人为对象的细腻定案"。

"看图说故事形式的初稿"可以自己一个人单独进行，也可以请团队成员在旁边观察。图表先准备齐全，一面翻页一面说明，并逐步修正整体的说明顺序及信息的强弱。像这样彩排，马上就能知道顺序不妥、张力不足的地方，以及需要加强的地方。在流程上会导致问题的图表，可以大胆地删除。因为原本的逻辑结构很坚强，所以少部分的改变，并不会造成故事线或整体信息的瓦解。

当"看图说故事形式的初稿"结束之后，接下来就是找来听众，进行如同正式演出般的预演，细腻地完成收尾。越简朴的问题就越重要，所以听众的最佳人选是未直接了解计划讨论的主题及内容的人，建议找那些会提出具建设性意见的知心好友来当听众，像是团队以外的同事或熟人；若属于普通的内容，可以委托家人或男女朋友；若受限于主题无法委托上述这些人，就将团队成员当成听众，请他们提供意见。如果连这样的方式都无法进行，就自己一个人单独向墙壁说明并录像，再回头看自己表现如何，这样也可以达到相当程度的功效。可能有很多人会反感，但为了找出不自觉的坏习惯或令人难懂的迂回说法，这样做实际上很有效。

如果逻辑的结构和分析，以及图表的表达明明都很清楚，但在彩排时却难以说明的话，很可能是因为故事线的流程中混杂了多余部分。同时也要小心在说明上容易招来陷阱或误会的表达。最后请听众针对"是否好懂"及"听完之后，是否有觉得奇怪的地方"发表评论。

程序③：准备好"电梯演讲"

推敲故事线最后的确认事项是准备"电梯演讲"。

所谓电梯演讲，就是"假设与CEO共乘一部电梯，你是否能在下电梯之前的时间内，简洁地说明负责项目的摘要"。这项技巧在于以20至30秒左右的时间，整合并传达复杂的计划摘要，这对于客户群体为高层管理人的顾问或大规模计划负责人而言，是不可缺的技能。就算不属于上述职业的人，也可以通过这个测验测试出"自己对于这个企划、计划或论文真正理解到什么程度，是否已经能够向他人进行说明甚至推销"。

图5-2 应用金字塔原理进行"电梯演讲"

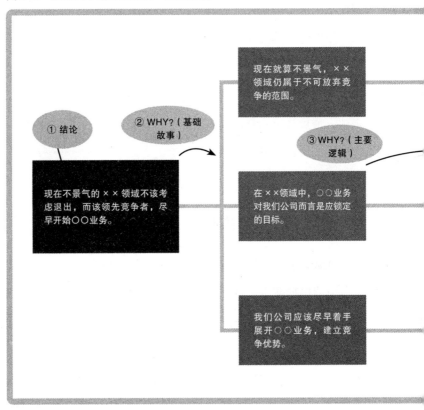

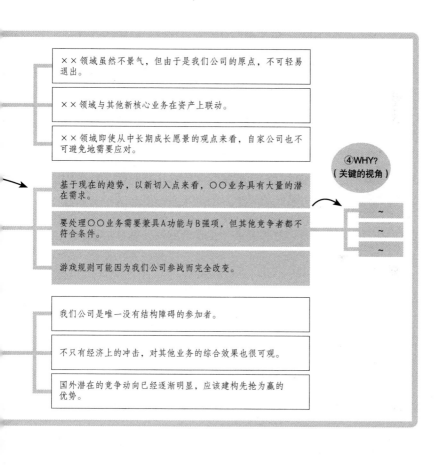

然而，其实这个测验的准备工作已经完成八成了，这是因为在组成金字塔结构的故事线中，结论应该已经排列在最高层。而且如果是采用"并列'为什么？'"，就传达所根据的"WHY"；若采用"空、雨、伞"的形式，只要分别传达"空"（课题是什么）、"雨"（对课题的认识）、"伞"（问题的答案是什么）的结论就好；若还处在分析或验证过程中的话，就传达当下的看法。

利用"电梯演讲"，可以让人了解用金字塔结构整合故事线的优点。因为结论的重点并列在上方，下方也以相同结构排列出各项重点，可以根据对象或测验时间自由地判断"什么内容该说明到什么程度"，让对方不会有"看不出结论"而焦躁的情绪，而且可根据对方想要进一步确认的部分继续扩展或深入（图5-2）。

5.3 琢磨图表

这样图解就对了！

推敲完故事线之后，接下来就针对各个图表仔细检验。

所谓优异的图表究竟是什么样的呢？在此先复习一下图表

图5-3　图表的基本结构

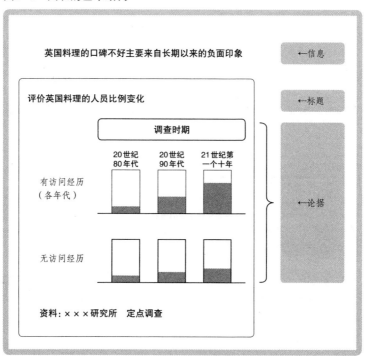

的基本构造。如图5-3所示，图表包含"信息（message）、标题（title）、论据（support）"这三项要素，最下方一定要标示信息来源。

许多人为了画出这些图表，每天都弄得自己痛苦不堪，但真正可怜的其实是"那些被迫要看莫名其妙的图表而觉得痛苦不堪的听众或读者"。所以，为了不要让自己和别人痛苦，就必须认真研究图表、让信息明确。就我至今的经验而言，我将

我认为优异的图表应该满足的条件浓缩为以下三项:

1. 具备依循议题的信息

2.（论据部分）向纵向及横向的扩展应具有意义

3. 论据支持信息

图5-4　好图表的三要素

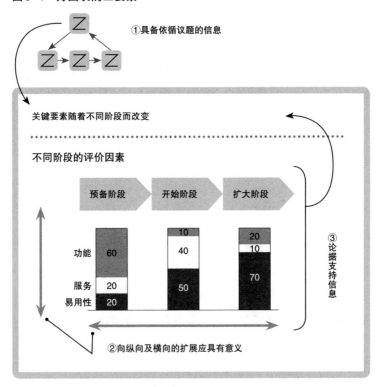

也许会有人说："什么嘛！就这样而已？"但这三项条件只要有一项不符合，就会造成致命后果。（图5-4）

如同"具备依循议题的信息"字面所述，图表传达的内容必须完全符合议题，这其实也是理所当然的事情。若是因为"数据很有趣"而制作信息不清楚的图表，就免了吧！一路读到这里的读者，想必马上就会理解这个条件的重要性了吧？

"（论据部分）向纵向及横向的扩展应具有意义"这句话，也许听起来有点难懂，不过，这就是本书一直以来所描述的重要精华——分析就是比较——的直接体现。若想要以强而有力且具有分析性的方式支持信息，图表的纵轴和横轴的扩展都必须具有意义。

很明显，"论据支持信息"是很重要的确认事项。不要说无法断言的事，想要表达信息就要准备好适切的论据。这不仅是自身逻辑思考力的问题，也是道德上的问题。

若是在需要接受严格审查的学术论文中，只要包含论据可疑的数据或图表，就无法通过审查。但在其他场合，倒是有不少可以插入这样的图表的机会。在商业界中，能断言自己没做过这类"为了图自己方便"的图表的人应该少之又少吧？我所指导的团队也时常落入这个陷阱，如果没有相当频繁的叮嘱，就有可能疏忽这个问题。放眼看看自己周围充斥着的所谓的"图表"，你会发现，满足这三项条件的实在很少。

光是符合这些条件，就可以让图表如同变身一样，变得既具说服力又浅显易懂。

为了满足优秀图表应具备的三项条件，要对应进行以下三项工作：

1. 彻底落实"一图表一信息"原则

2. 推敲纵向与横向的比较轴

3. 整合信息与分析的表达

接下来，我将分别展开详细介绍。

技巧①：彻底落实"一图表一信息"原则

推敲图表时，一开始要确认是否存在依循议题的明确信息。在简报中常可见到用大号字体写着"最近的动向""业界的动向"这类主语和动词都不清不楚的标题，这不算是信息，而且什么都不是。应该将"这个图表想传达的是什么"落实成文字或语言。

到这个收尾的阶段，不只是"要说什么"很重要，就连"不要说什么"也变得很重要。在此，也包含全球设计界流行的、让和风美学广为人知的极简主义，如同浮世绘或枯山水^①的庭园设计，锁定焦点、大胆砍除与主干无关的部分，以避免让繁杂琐碎的小论点混淆了重要的论点。

然后，确认每个图表是否真的各自只包含一个信息，以及该信息是否正确地与次要议题联结。当有两件以上的事想说时，就分成两个图表。本应是很有内容的图表，却无法一目了然时，通常是有多个信息混杂在其中。如果是单一信息，图表所强调的地方或比较的重点都很明确；但在加入两个以上的信息时，整体就会立刻变得一团模糊、难以分辨。只要彻底执行"一图表一信息"，就可以马上将一个个图表全都变简单。

人从看见图表，到做出"理解了"或"有意义"的判断之间的时间，就经验上来说，长约 15 秒，大部分是 10 秒左右。我将这段时间称为"15 秒法则"——人们就是在这十几秒的时间判断"要不要仔细读这份资料"的。也就是说，"第一眼"如果没有把握好，那个图表有也等于无。

在大型计划中，进行整体综合价值判断的人，不论是经营者还是论文的审查委员，几乎都是很忙碌且对自己很有自信的人。当连续看几张"不具意义"的图表后，他们马上会关闭心房，然后视线下移，眼中的光芒尽失，就此比赛结束。

试着向周围的人说明某个图表，只要有人稍微觉得"这个

---

① 编者注：源于日本本土的微缩式园林景观，多见于小巧、静谧、深邃的禅宗寺院。

不好说明",或是"这个难以传达",就要考虑重新检视修改,然后再次重复。在这里一开始就该思考的是,是否遵守了"一张图表传达一个信息"的铁律。

我在美国做研究时,当时很照顾我的教授曾对我说过一段话,我至今仍非常受用:"无论什么样的说明都要尽可能简单化,即使如此,别人还是会说'听不懂'。然而,当自己不能理解的时候,就会觉得制作图表或说明内容的人是笨蛋,因为人绝对不会认为自己的头脑不好。千错万错,都是别人的错。"

技巧②:推敲纵向与横向的比较轴

彻底执行"一图表一信息"之后,接下来,就要考虑比较纵轴与横轴。

优秀的图表除处理明确的议题和次要议题之外,还需要完成明确的比较从而找出答案。也就是在纵向及横向的扩展中,存在与验证议题联结的清楚意义。人在看图表的时候,一开始映入眼帘的是信息及整体的模式,其次才是用于解读该模式的纵轴与横轴。即使处理的是正确的主要议题和次要议题,如果没有选对适当的轴用作分析,该分析本身就注定会失败。

我认为,以我目前的经验来看,在世上所有的图表中,至少有一半的问题就出在这个"轴"上。为了避免这种情况再次出现，我们该怎么做呢？

公平地选择"轴"

例如在想要买二手数码相机时，评价为"无刮痕且价格合理"，其实买回来发现电子系统有异常，这样估计任谁都会生气地说"这是欺诈"。可是与此相似的是，许多图表只挑对自己有利的轴，结果失去了说服力。要传达信息的话，列出所有需要的比较轴是很重要的。

在比较业务选项时，如果只看成功的结果与机会，却没有讨论实际可能会遇上的瓶颈，从而造成某些图表中在选择轴时存在偏颇而无法正确比较的话，简报本身将完全失去可信度，所以绝对要避免这种情形发生。

让轴的顺序具有意义

在公平地选择轴之后，也必须让轴的顺序具有意义才行。将单纯用字母顺序排列的图表，改成用"由大到小"或"发生时间"等具有意义的观点重新排列，就将会让人眼睛为之一亮，瞬间感到明了易懂。在没有数值的定性分析的图表中，这个部分尤其重要。只要看这个部分的收尾工作，就可以知道操作者是否是专业人士。（图5-5）

图5-5 排列组合"轴"的顺序进而赋予意义

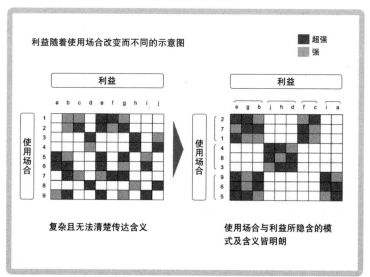

整合或合成轴

其次希望各位要注意比较"应该交集的条件"。这种情况下，要先整理出具有实际功能的条件可分为几种，并以"彼此独立、互无遗漏"的方式整理用以比较的条件。找到轴的交集以制作共通的轴，将轴整合后，原本相互牵连纠结的世界将变成可以做简单比较的世界。（图5-6）

重新检视轴的切入点

如果分析的结果不能联结上明确的信息，大多数是由于信

图 5-6 整合轴，合并轴

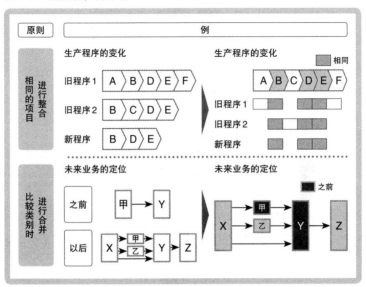

息的切入点中有噪声。如果猜到有可疑的条件的话，有时候将它们相交就可以让轴变得清晰。（图 5-7）

如果尝试无效的话，视情况有时也需要重新检视轴的基本单位。例如想选择运动饮料的市场区块而以"人的属性"为轴，已知消费族群偏向"时常运动的人"和"年轻女性"，却意外发现"中老年年龄层"的消费者也很多。想要将属性集中锁定在消费最多的阶层，但其涵盖范围竟然连市场的三分之一都不到，实际就是没有达到足以说服人的差异程度。

会陷入这种情况最大的原因在于"没有仔细思考轴的切入

图5-7　重新检视轴的切入点（一）：轴的交集

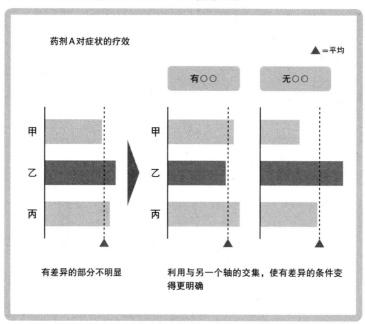

方式"。冷静思考后就会发现没有"只喝相同饮料的人"。早
上起床与工作中、念书时喝的饮料会有所不同，而且吃面包
时和吃饭团时，应该也会配不同的饮料。于是，可以由此想
到只要继续将轴定为"人的属性"切入问题，就无法改变出
现上述含糊结果的情况。这时候，以喝运动饮料的"情境、场
合"为轴再加以分析，就可以清楚地挑选出所要的市场区块
了。（图5-8）

图5-8 重新检视轴的切入点（二）：重新检视基本单位

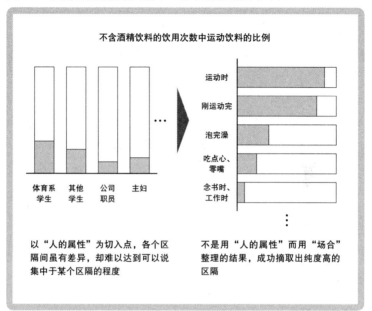

这是我刚从事顾问工作时着手处理根据"场合（occasion）即利益（benefit）"的观点划分市场的案例，事实上这个办法非常厉害，曾在各个领域产生了多个畅销商品。像这样干脆大胆地重新检视并修改轴的切入点，让分析简明顺畅、含义清晰可见的例子有很多。如刚才所述的例子，思考数据中"混淆"的成分来自哪里，就是其中的第一步。

检视关键分析的轴的实际做法在第二章（组建故事线）与第三章（制作连环图）中都介绍过，只是总会有些没有分析结果就无法理解的情况。这时候，就要用第四章（产生输出）中提到的提高循环次数或用本章所讲的最后收尾阶段加以解决。查明议题、分析议题、验证假说这一整体循环，之所以必须尽快绕完一圈，其实还有一个原因，下面会详细说明。

技巧③：整合信息与分析的表达

彻底执行"一图表一信息"、推敲纵向与横向的比较轴之后，图表的设计也进入收尾阶段，最后就要仔细研究遵循信息的"分析的表达"。根据这个分析（论据）来检查是否可明确验证该信息。

在此尝试在表达层面修改为充分展现差异程度的方式。如第三章所述，即使是相同"结构"的图表，也存在多种表达方法。所以要以找出最好懂的形式为目标，尝试各种表达方法，思考目前的表达方法是否真的恰当。

例如，就算当初打算通过"差异程度的实际数值"来表达，如果该差异已经达到好几倍的程度，以"基础数量的几倍"的方式呈现会比较容易理解。（见图5-9）

有些时候重新检视"轴的刻度"就能让信息变得明确。例如观察某商品的使用顾客数与营业额的相关关系时，在大多数的情况下"80/20法则"（八成营业额依赖于全部顾客人数中的

图5-9　比较表达的两种模式

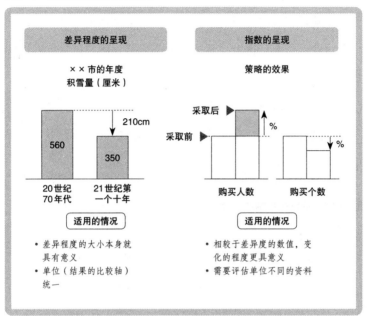

两成）都会成立，但也不见得每次都会是这样的结果。不具有任何成见，针对"真正的刻度在哪一带"直接观察数据后再作确认。

就我的经验而言，实际调查之后，也有些市场是"仅以1%至2%的消费者就构成了八成的营业额"。在这样的情况下，在要强调的部分下点功夫，就可以让分析的印象或给人的震撼大大不同。（见图5-10）

拥有假说、制作连环图并经过分析和验证，最后的结果与之前的预想不会完全一致，这是很常见的情况。这个微妙的差异本身就是宝贵的信息。以依循议题的形式让信息明确化，并结合这些信息逐步推敲、琢磨分析的表达。这不再是单纯地搜集资料，真正用于传达某种内容的图表也由此诞生。

一路讲到这里，信息思考的步骤也介绍完了。再次找个对象试着进行简报吧！如果这次也没有问题的话，全程工作就算结束了。

图5-10　重新检视轴的刻度

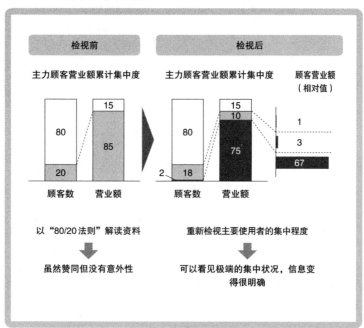

作者的提醒
"完成工作"吧！

我现在在大型 IT 企业从事各种经营课题的相关工作。有时候我自己直接解决问题，有时候是听了成员们的课题或烦恼后整理重点。

我时常被问道："以前当科学家和管理顾问的经验对你现在的工作有什么帮助？"其中一个帮助就是本书全文所传达的"从议题开始"的思维，即利用该思维的行为模式及该思维的结果所造就的问题解决力。

顾问工作相对于所获取的高报酬，必须确实产生变化，让客户高兴；且与科学家的工作一样都是属于在有限时间内确实产生结果的工作。无论是哪一种工作性质，如果对于结果没有强烈的自我驱动，就无法乐在其中。报酬只是年薪，在"责任制"的世界里，如果不这么想，最糟的情况将是沦于如同奴隶般的生活。

如母亲般培育我的公司之一——麦肯锡公司，有一项指导原则，不知道该称之为"教条"还是"信条"，等同于一个国家"宪法"的地位，这句话就是："完成工作（Complete Staff Work）。"意思是指"无论在什么情况下，一定要尽力完成自己身为员工被赋予的工作"。当我身为专业工作者时，这句话经常强烈地对我发挥耳提面命的作用。

在专业人士的世界里，"努力"是不会获得评价的，虽然处理完相当棘手的工作后，可能多少会获得一些感谢，但前提当然是在最后产出了圆满的结果。说穿了，最重要的是交出有价值的成果，努力只不过是获得评价的辅助办法，用于强调"工艺的细致度"罢了。即使仅是一个分析，只要当时处理的主要议题或次要议题有一个找不出答案，无论之前在其中投入多少时间，全都没有意义了。从让客户或自家公司浪费许多宝贵的时间与金钱的观点来看，这反而是相当大的罪过。

所有的工作，交出成果才是一切，如果当成果不具备某个程度的价值时，那个工作就不具任何价值，大多数的时候甚至会成为"负面贡献"。因为这份严谨的工作态度当时就已深植我的脑海、进入我的体内，甚至到深入骨髓的程度，所以，我真的非常感谢麦肯锡。

为了要"完成工作"可能会有想要卖命的感觉，但卖命本身，并没有任何意义。请不要再相信"没功劳也有苦劳"，认清残酷的现实才能让我们从有限的时间中解放出来，从而获得真实的自由。

支持并鼓励我们的并不是"来自别人的称赞"，而是"交出的结果"。交出的结果确实引发改变、让人高兴，就是最好的报酬了。当事情顺利进行时，我感觉到的与其说是"高兴"，不如说是"放下一颗悬着的心"。实现了对客户及自家公司的承诺，这本身就具有无法言喻的成就感。

这个价值的产生就根源于"从议题开始"的思维，就是脱离事倍功半的"败者之路"的想法。只要能确实拥有这个思维，我们的生活立刻会变得轻松许多，而且每天都过得非常充实，每一天所产生的价值都将不断地持续增加。

最后，希望与各位共享以上的心得。

即使在我转换事业跑道的现在，对公司内我所负责的项目小组或本部门的新进人员，我时常有机会直接告诉他们本书所介绍的内容。

目前我所接触的年轻朋友背景或经历大不相同，我常让他们一边共同解答符合公司实际现状的策略的例题，一边传达本书所介绍的思考方式。研修结束之后，我常收到如下的感想：

"我以前都在思考'该如何解决眼前的问题'，但是现在我已经充分了解，在解决问题之前，'必须先从查明真正的问题开始着手'才行。"

"之前我进行铺天盖地的调查，结果却时常搞不清楚到底是什么跟什么，现在，我终于知道那就是名为'搜集过头'的毛病。"

"我发现我以前的做法，都属于事倍功半的'败者之路'。我觉得我以后处理工作的心态会有很大转变。"

"不是单纯的问题就可以当作议题，听到'必须清楚判断出是非黑白的才是议题'的说法时，我才恍然大悟。"

另一方面，也有如下的感想：

"我知道'议题'很重要，只是现在我还不确定自己所看见的究竟是不是议题。"

"我想，内容很有道理，但是，我觉得自己并没有真正吸收并且透彻地理解。"

对于有这样想法的人，我会告诉他们：

"我现在已将'交出高价值成果的生产技术'的简单本质，竭尽所能地传达到很深入的程度。接下来就只能靠你自己去体验了，除此之外，没有其他方法。"

毕竟没吃过的东西，无论读几本相关的书或看多少介绍的影片都不会知道它的味道。没骑过脚踏车的人，永远无法了解骑脚踏车的感觉。没谈过恋爱的人，永远无法了解谈恋爱的心情。探究议题，也与这些事情的道理相同。

面临"某个问题一定要解决"的情形时，不能只靠理论，还要根据之前的背景与状况，靠着自己的眼睛、耳朵和头脑，凭着自己或团队的力量，去找出"该查明的究竟是什么""该在哪里做决断"。这个经验反复累积、逐渐学习，才是"从议题开始思考"的不二法门。

如果正在讨论的是真正的议题，无论在科学界还是商业界，确实是进行新的判断，就会根据该结果前进到下一个课题或者引发明确的变化。这可能是由于已经前进到下一个步骤，也可能是因为之前看不见的新议题如今显现了出来。可能也会有周围的人来感谢说"之前模糊的部分全都消失了，瞬间打开了视野"。这时候，你就知道你已经清楚掌握有意义的议题了。在每天的工作或研究中，如果怀疑"这个工作，真的有意义吗?"，那就先停下来看看，然后从询问"这真的是议题吗?"开始着手。

回想起来，我自己每天正是在这样的活动当中，一点一滴琢磨出对议题的感觉。我到现在还记得刚进入管理顾问这行时，我问"那真的是议题吗?"，而团队的负责人回答我"这是非常好的问题喔!"时，我立刻雀跃不已。希望各位读者也从每天抱持小疑问、逐渐累积小成功开始努力。

前面说到"没有亲身体验，就无法真正理解"，可能有人会问:"那么，这本书又是为了什么而写的呢?"

在日本，我觉得虽然很多人都出书介绍关于逻辑思考和解决问题的工具，但却缺乏本质上关于"交出高价值成果的生产技术"的讨论。希望本书可以成为大家在生活或职场中一起讨论的基础与实践根据。

尤其当多数人都成为"努力工作，就算没有功劳也有苦劳"的"败者之路"的信徒时，在那些没有可靠的商量对象的工作者在白忙忙到累死之前，希望本书可以刺激他们思考。希望各位读者并不是为了解决烦恼，而是为了主动思考而阅读本书。无论规模大小，在解决一个经整合的项目或计划后，再次翻阅这本书，相信又会有一番不同的发现。

本书中介绍的思考方式多少可以改善各位的生活质量，若能借此让越来越多的人脱离事倍功半的"败者之路"，即使多一位也好，将为我带来无上的喜悦。

最后，感谢读者拿起本书阅读。并且对读到最后的读者们，再次由衷感谢。

安宅和人

目黑区东山自家中

2010 年

致　谢

因为我写的博客才有本书的诞生，所以，首先我要感谢当初强烈推荐我写博客的麦肯锡公司前辈石仓洋子教授（一桥大学教授），以及看到博客而提议写作本书，并一路很有耐心地配合我、帮我汇整的编辑杉崎真名，在此致上由衷的感谢。

麦肯锡的前同事，现在在纽约从事律师工作的藤森凉惠帮我看了原稿，并给予我诸多难得的建议，在此致上最深的感谢。

还有，本书是由之前曾指导过我的很多人最后产生的成果，包括研究室的研究伙伴们、职场前辈们、团队成员们及后进员工们。更要感谢平日以工作给予我诸多锻炼的客户们，这本书的内容都反映出我与各位的对话。

其中，还要感谢在东京大学应用微生物研究所（现为分子细胞生物学研究所）从头开始教导我"科学是什么？"的大石道夫和山根彻男两位老师，以及麦肯锡的恩师们，包括大石佳能子、大洞达夫、田中良直、宇田左近、上山信一、山梨广一、横山祯德、平野正雄、门永宗之助、名和高司、泽田泰志等，还要特别感谢留学耶鲁大学期间的恩师赖瑞·柯恩（Larry B. Cohen）、汤姆·休斯（Tom Hughes）、佛瑞德·席格沃斯

（Fred Sigworth）、詹姆斯·豪（James Howe）、文森·皮耶里朋（Vincent Pieribone）。

另外，如果没有时任日本雅虎股份有限公司社长井上雅博、首席运营官喜多埜裕朗、总经理藤根淳一的谅解，本书就无法执笔与出版。我非常庆幸身为日本雅虎的职员的同时，也能出版这样一本书，心中充满感谢。

最后，我想要感谢让我在周末假期专心写作，且一直支持我的爱妻和爱女。

出版后记

现在有很多职场达人出书与读者分享思考与解决问题的工具和方法，但明确讨论如何产生真正具有高价值的工作成果的书籍却并不多见。为此，我们在出版《麦肯锡教我的写作武器》之后，又推出新一力作——《麦肯锡教我的思考武器》，分享麦肯锡公司的成功经验，帮助读者从源头寻找如何动用思考来解决问题、完成有价值的工作。

在工作中，我们常能看到不少人还没明确什么是真正需要解决的问题，以及适切的解决方法，就立刻上手，想着"车到山前必有路""反正先动手做了再说"，盲目求快；进行到一大半才发现，花费大量时间和精力搜集来的资料，最后真正派得上用场的却少之又少，甚至自己对状况的理解也混乱起来，衍生出来的问题却不断增加……怎么办？无论是重新来过还是硬着头皮继续干下去，浪费的精力和时间都是无法追回的。

这还不是最糟的情况。请想一想，这样加班赶工得出来的结果是具有高价值的成果吗？这样的工作效率上司会觉得满意吗？也许有人会在潜意识里自我安慰："我的确在努力工作啊！""没有功劳也有苦劳嘛！"可是再这样自我欺骗下去的话，妄图以"量"取胜，将陷于"白忙一气"的泥潭，直到累垮也难以脱身！

本书作者安宅和人，曾在麦肯锡咨询公司担任管理顾问主管达十一年之久。他一直坚持在个人博客上与网友们分享如何交出有价值的工作成果的方法，引起读者的热议和广泛赞同，也最终促成了本书的写作出版。

在这本书中，作者直击思考的本质，系统地讲解了成功解决问题、创造有价值成果的思考模式——议题思考、假说思考、成果思考、信息思考，即面对问题慢一点动手，先查明、确定议题，组建故事线与连环图，并依此着手处理，找出问题的答案，将成果整理为论文或报告，最后把有效信息传达给别人。

不需要去学习各种复杂的思考工具和方法，只要熟练应用这种"从议题开始"的思维方式，就可以事半功倍地解决问题，高效率地完成工作，交出有价值的成果。希望各位读者在读毕此书后，可以重新思考自己的工作方式，逐步摆脱"苦劳"的困境，下一位职场达人就是你。

读者服务：133-6631-2326　188-1142-1266

服务信箱：reader@hinabook.com

后浪出版公司

2019年11月

图书在版编目（CIP）数据

麦肯锡教我的思考武器：从逻辑思考到真正解决问
题 /（日）安宅和人著；郭菀琪译. — 郑州：大象出
版社，2020.2（2023.4重印）
　　ISBN 978-7-5711-0548-8

Ⅰ.①麦… Ⅱ.①安…②郭… Ⅲ.①逻辑思维—通
俗读物 Ⅳ.①B804.1-49

中国版本图书馆CIP数据核字 (2020) 第 021730 号

ISSUE KARA HAJIMEYO by Kazuto Ataka
Copyright © 2010 Kazuto Ataka
All rights reserved.
Original Japanese edition published by Eiji Press Inc.
Simplified Chinese translation copyright © 2020 by Post Wave Publishing Consulting
(Beijing) Ltd.
This Simplified Chinese edition published by arrangement with Eiji Press Inc., Tokyo,
through HonnoKizuna, Inc., Tokyo, and Bardon-Chinese Media Agency

本简体中文译稿由城邦文化事业股份有限公司经济新潮社授权使用。

著作权合同备案号：豫著许可备字-2019-A-0156

麦肯锡教我的思考武器
MAIKENXI JIAO WO DE SIKAO WUQI
从逻辑思考到真正解决问题
CONG LUOJI SIKAO DAO ZHENZHENG JIEJUE WENTI

[日]安宅和人　著
郭菀琪　译

出 版 人　汪林中
责任编辑　杨　兰
责任校对　安德华
美术编辑　杜晓燕
装帧制造　墨白空间
封面设计　棱角视觉
出版发行　大象出版社（郑州市郑东新区祥盛街27号　邮政编码450016）
　　　　　发行科　0371-63863551　总编室 0371-65597936
网　　址　www.daxiang.cn
印　　刷　北京盛通印刷股份有限公司
经　　销　全国新华书店
开　　本　889 mm×1194 mm　1/32
印　　张　7
字　　数　127千
版　　次　2020年2月第1版　2023年4月第5次印刷
定　　价　38.00元
若发现印、装质量问题，影响阅读，请与承印厂联系调换。